Photoshop 与 AIGC 影像后期核心实战技法

郑志强 著

人民邮电出版社
北京

图书在版编目（CIP）数据

Photoshop与AIGC影像后期核心实战技法 / 郑志强著
. -- 北京 : 人民邮电出版社, 2024.2
ISBN 978-7-115-63665-2

Ⅰ. ①P… Ⅱ. ①郑… Ⅲ. ①图像处理软件 Ⅳ.
①TP391.413

中国国家版本馆CIP数据核字(2024)第019060号

内 容 提 要

本书以“修片思路+修片实战”的形式，对风光摄影、人像摄影、纪实摄影、建筑摄影、花卉摄影、夜景摄影这六个重点题材的后期处理技术进行了详细讲解。对于当前比较热门的 Photoshop AIGC 技术，本书没有以单独的章节进行讲解，而是将 AIGC 相关的知识点融入不同题材的后期处理过程中，这样可以帮助读者更好地掌握相关的应用技巧。

本书配备全套多媒体视频，帮读者加深学习印象，提升学习效率。另外，本书提供书中所有案例的素材，供读者同步练习。

本书适合对摄影后期处理技术感兴趣的摄影爱好者阅读、参考。

◆ 著　　　　郑志强
责任编辑　杨　婧
责任印制　陈　犇

◆ 人民邮电出版社出版发行　　北京市丰台区成寿寺路 11 号
邮编　100164　　电子邮件　315@ptpress.com.cn
网址　https://www.ptpress.com.cn
雅迪云印（天津）科技有限公司印刷

◆ 开本：690×970　1/16
印张：15.5　　　　2024 年 2 月第 1 版
字数：382 千字　　　　2024 年 2 月天津第 1 次印刷

定价：79.80 元

读者服务热线：(010) 81055296　印装质量热线：(010) 81055316
反盗版热线：(010) 81055315
广告经营许可证：京东市监广登字 20170147 号

前言 PREFACE

刚开始学习摄影后期处理技术时，你可能会感觉Photoshop这款软件太复杂、太难学。但实际上，所谓的复杂和难学，是因为你还没有掌握正确的学习方法。

本书通过对不同摄影题材后期处理思路的分析，结合具体的实战修图案例，让读者能够尽快掌握各种不同摄影题材的后期处理技巧。

在本书具体案例的处理过程中，读者无须关注设置的参数，因为那没有意义，换另外一张照片你可能就不知道该怎么调整了。只有真正掌握了参数设置背后的原理，才能做到无论遇到什么样的照片，你都能举一反三，游刃有余地进行处理。

相信广大读者认真学习完本书的内容，都能够基本掌握一般照片后期处理的思路和技巧。

读者在学习本书的过程中，如果遇到疑难问题，可以添加作者微信"381153438"，并加入我们的微信群，学习更多知识。另外，建议读者关注我们的公众号"千知摄影"（查找"shenduxingshe"即可），持续学习一些有关摄影、数码后期和行摄采风的精彩内容。

目录 CONTENTS

第1章

风光摄影后期思路与实战

第2章

人像摄影后期思路与实战

第6章

夜景摄影后期思路与实战

CHAPTER 1

第1章 风光摄影后期思路与实战

在本章中，我们将学习风光摄影后期处理的思路与实际操作。首先是判断一张风光照片是否值得修饰，以及利用AI生成式填充来打造兴趣点的方法。我们还将探讨画面的通透度控制和重塑风光画面的光影效果。另外，借助HDR技术，我们还可以创造出丰富的细节层次，使画面更加生动。

1.1 判断一张风光照片是否值得修饰

摄影后期的技巧很重要，但有时候即使我们掌握了大量的技巧，在修图的过程中仍然无法将照片的艺术表现力呈现出来。这并不一定是因为我们的处理思路和技巧有问题，而是因为这张照片本身没有后期处理的价值。对于自然风光摄影作品来说，我们不能只看到漂亮的光影、色彩和构图形式，而忽视了主体的表现力。如果一张照片的主体没有很好的表现力，那么我们就无法通过后期修饰得到好的效果，这是前期拍摄时需要注意的问题，取景时需要找到具有表现力的景物或场景。

举例来说，如图1-1-1所示的这张照片，只有简单的草坪、几棵树以及蓝天白云，缺乏具有表现力的主体，我们无法通过后期修饰达到良好的效果。

图1-1-1

同样地，如图1-1-2所示，即使这张照片整体上很干净，色调和色彩也很优美，但远处的山峰和近处的飞机作为视觉中心都不够突出，欠缺表现力，那么这张照片也无法作为摄影作品展示，只能作为素材照片使用。

相反地，如图1-1-3所示，这张照片中蜿蜒的长城作为主体十分具有表现力，并且与朦胧的晨雾相呼应，对这种照片进行后期处理就会更有意义。选择具有表现力的景物和合适的场景是风光摄影后期处理的关键，否则照片就缺乏后期处理的价值。

图1-1-2

图1-1-3

城市风光摄影作品也是一样的道理，如图1-1-4所示，如果拍摄的场景中主体被严重遮挡，且缺乏光影和色彩表现力，那么后期处理的意义就不大。

如图1-1-5所示，这张照片的表现力就远胜于图1-1-4。首先，这张照片有一个明显的主体，吸引人眼球的月亮作为另外一种景物，与主体相搭配，在构图上形成了一张精美的画面。其次，这是一张夜景照片，在弱光条件下拍摄。在这种环境下，灯光的色彩会使画面更加迷人。光影和色彩作为重要的元素之一，增强了照片的艺术感。综上所述，这张照片具有明显的主体，配合夜景的灯光色彩，使其具备后期修片的价值。

图1-1-4

图1-1-5

如图1-1-6所示，我们可以看到远处的CBD建筑群非常突出，吸引了人们的注意。仔细观察可以发现，近处一条蜿蜒的道路呈“S”形，能引导观看者的视线深入画面。因此，这张照片具有出色的表现力，且在后期修饰中能够获得更好的效果。

图1-1-6

如图1-1-7所示，这个场景非常杂乱，唯一的亮点是画面中间的牌坊口。如果在白天拍摄，由于缺乏光线和阴影，效果肯定很差。但如果选择在夜晚拍摄，尽管只有一个明显的主体，但画面中的光影和色彩非常漂亮。冷暖对比强烈，突出了画面口的存在，给人一种强烈的写实感。另外，画面中还有大量的民房，反映了当地的风俗人情，远处有高楼，近处和画面中间有被灯光照亮的牌楼。这些元素在为画面增添形式美的同时，也呈现出一幅独特的城市风景。

图1-1-7

总结起来，在拍摄自然风光或城市风光时，要注意选择具有表现力的场景或主体对象，还要注意与主体相呼应的其他重点景物，同时要追求漂亮的光影和色彩。如果光影和色彩表现力不够，那么主体对象等其他景物的表现力就要足够强烈或独特。

1.2 视觉兴趣点的强化

在风光题材的照片中，主体的选择非常重要。在拍摄时，我们必须选取具有表现力的主体。然而，实际拍摄的原片或经过调整后的画面可能依然存在一些问题，比如亮度不足、色彩表现力不够或形态不够清晰等，这时就需要在后期处理时对主体进行强化。

下面我们通过一个具体案例来说明如何在风光照片中强化主体或视觉中心。如图1-2-1所示，这张照片整体的光影和色彩都相当理想，但是作为主体的建筑群在画面中间显得有些暗淡，导致整个画面给人的感觉不够好。因此，需要对主体进行强化处理。调整后的效果如图1-2-2所示。

图1-2-1

图1-2-2

操作步骤如下。

首先，将照片导入Photoshop中，如图1-2-3所示。

图1-2-3

在“调整”面板中找到“单一调整”面板，单击“曲线”，如图1-2-4所示，创建一个曲线调整图层。

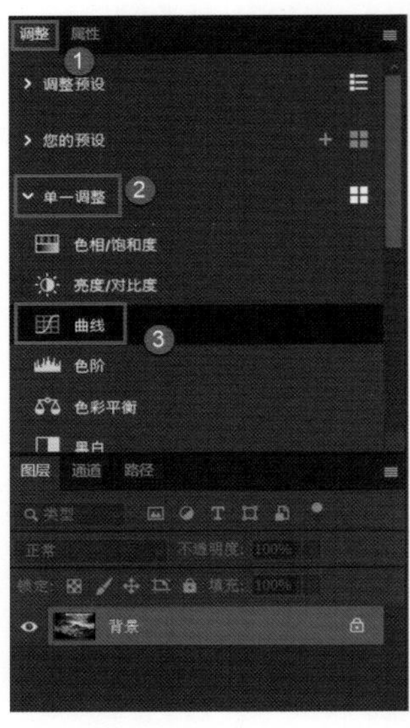

图1-2-4

对曲线进行提亮，然后对暗部进行压暗处理，如图1-2-5所示。

图1-2-5

按下“Ctrl+I”组合键，如图1-2-6所示。按下该组合键的作用是反转曲线的控制点位置。这意味着曲线上原本处于高亮区域的点会变为阴暗区域，而原本处于阴暗区域的点则会变为高亮区域。通过反转曲线，可以对图像的色调和对比度进行独特的调整，以达到特定的效果。

接下来，我们可以选择“画笔工具”，在英文输入法状态下按键盘上的“X”键，以交换前景色和背景色，并将前景色设置为白色。一旦设定为白色，我们可以适度降低不透明度和流量。降低不透明度和流量时，可以直接按下键盘上的数字键来调整不透明度，而按住“Shift”键再按数字键则会改变流量。然后，将鼠标指针移动到主体上进行擦拭，尤其是较暗的建筑部分。这样可以还原建筑物的亮度。对于较狭窄的区域，我们可以缩小画笔的直径进行擦拭。在调整后，我们会发现主体的表现力有所提升。当然，我们还可以放大画笔的直径，再次涂抹主体所在的区域，力求还原出更亮的效果。此时，我们会观察到主体部分变得更加明亮，整体效果也更加引人注目，如图1-2-7所示。

图1-2-6

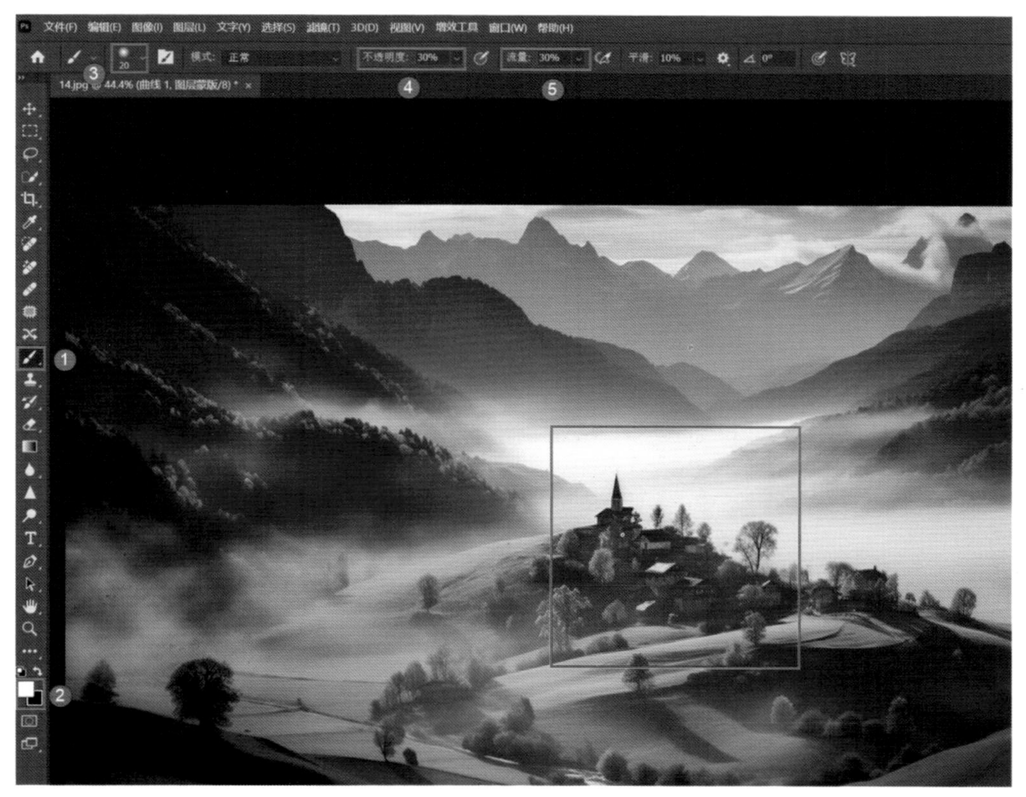

图1-2-7

原照片中主体区域较暗，我们可以通过提亮来改善。一旦进行提亮，整个主体区域的亮度会显著提高。这样一来，画面整体的表现力就得到了提升。以上就是风光照片中强化主体的简单技巧。只需要使用一条简单的曲线来进行整体提亮，然后反转曲线，使用画笔工具将提亮的效果还原即可。

1.3 利用AI生成式填充打造兴趣点

在风光摄影中，有时我们面对美丽的场景却难以拍摄出令人满意的作品，最主要的原因是缺乏有表现力的主体，照片缺乏视觉中心，显得平淡无趣，不够吸引人。要解决这个问题，摄影师可以在拍摄时将自己或同行的人物纳入画面作为主体，给照片带来视觉中心。如果在拍摄时没有合适的主体，也可以尝试在后期处理时添加主体。在早期的Photoshop版本中，我们通常需要从其他照片中复制并粘贴主体到目标照片中，需要注意主体的融合度及其与画面环境的协调。但在Photoshop AI 24.5及以后的版本中，新增了“生成式填充”功能，可以直接在照片中创建主体，主体可以是人物、动物、房屋、树木等任何景物。

利用生成式填充调整照片前后的对比效果如图1-3-1和图1-3-2所示。

图1-3-1

图1-3-2

在图1-3-3中，我们可以欣赏到美丽的光影和色彩，令人心驰神往。然而，由于画面中缺乏一个引人注目的主体，显得平淡无奇，因此，我们可以考虑为这张照片创造一个主体。我们计划在画面中间略偏右的位置创建一个木制房屋作为主体。借助Photoshop AI的生成式填充功能，这项工作变得非常简单。具体的操作步骤如下。

图1-3-3

在工具栏中选择“矩形选框工具”，在希望创建主体的位置上框选出一个区域。接着，在选区内单击鼠标右键，然后从弹出的菜单中选择“生成式填充”，如图1-3-4所示。

图1-3-4

在打开的“创成式填充”对话框中，我们可以看到一个“提示”文本框。在文本框中输入“添加一个木屋”，然后单击“生成”，如图1-3-5所示。

图1-3-5

生成后的效果如图1-3-6所示，可以看到，照片中已经生成了一个木屋。整个画面有了明显的主次之分，木屋成为整个画面的主体。观看者在观看照片时也有了一个视觉焦点，效果还是不错的。此外，这个木屋与周围的环境融合得很好。另外，Photoshop提供了三种不同的木屋，我们可以逐个查看。

可以看到，生成式填充功能还是相当智能的。它会根据光线的方向，呈现出木屋的明暗和立体感。如果想要使用这个功能，需要将Photoshop升级到24.5及以上版本。如果你希望以中文指定软件进行操作，需要将Photoshop升级到25.0及以上版本。

图1-3-6

第二种木屋的效果更理想一些，如图1-3-7所示。这样一来，我们就完成了对这张照片主体的营造。

图1-3-7

借助AI生成式填充让画面更干净

对于风光题材的照片来说，画面干净是非常基本也是很重要的要求。如果画面不够干净，就会显得杂乱，导致画面的表现力变差。在拍摄风光场景时，往往会存在干扰元素，这些元素会影响主体的表现力，导致画面不够干净。在后期处理中，我们可以使用修复工具将这些干扰元素去除。在以前的Photoshop版本中，去掉干扰元素需要使用各种不同的工具，尤其是对于较大面积的干扰元素来说，修复起来相对麻烦，并且效果通常也不理想。然而，借助当前新版本Photoshop的生成式填充功能，我们就可以轻松地去除较大的干扰元素，最终使画面更加干净。下面通过具体案例来说明如何借助AI生成式填充功能让画面更干净。照片调整前后的对比效果如图1-4-1和图1-4-2所示。

图1-4-1

图1-4-2

图1-4-1这张照片整体非常优美，但是画面右下角的近景存在太多水草，特别干扰视线。这时候，我们可以考虑移除一部分水草，使画面更加干净。如果使用传统的修复画笔等工具进行操作，会破坏水面原有的纹理，后续还需要对水面进行修复，相当烦琐。然而，借助生成式填充功能，我们的工作将变得非常容易。具体操作步骤如下。

将照片导入Photoshop界面中，如图1-4-3所示。

图1-4-3

在工具栏中选择“套索”工具，使用“套索”工具勾选不想要的水草区域，如画面右下角的一片水草以及带有淤泥的水草区域，设置“添加到选区”的运算方式，可以同时勾选多个区域，如图1-4-4所示。

图1-4-4

单击鼠标右键，在弹出的菜单中选择“生成式填充”，如图1-4-5所示。

在弹出的“创成式填充”对话框中，无须输入提示词，让软件智能判断，直接单击“生成”，如图1-4-6所示。

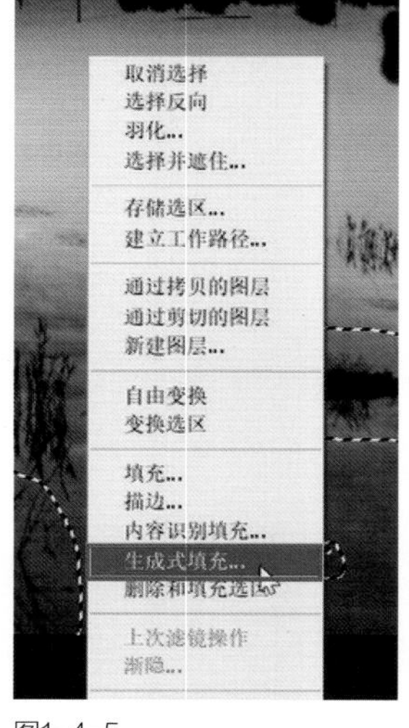

图1-4-5

图1-4-6

此时，可以观察到画面右下角变得非常干净，并且填充后的水草与背景原有的纹理保持一致，显得非常自然，如图1-4-7所示，这就是生成式填充功能的强大之处。

图1-4-7

另外，对于画面中的其他景物，比如中间的一排房子，我们也可以利用生成式填充功能将其替换为其他对象，如替换为一艘船，只需输入合适的提示词即可实现。本节主要讲解了如何去除干扰物以使画面更加干净，关于更换景物的操作不再详细说明，读者可以自行尝试。

1.5 画面的通透度控制

对于风光照片来说，影调层次是非常重要的。为了使画面足够通透，需要合理调整影调和层次。照片调整前后的对比效果如图1-5-1和图1-5-2所示。

图1-5-1

图1-5-2

首先，将照片导入ACR中，如图1-5-3所示，在ACR中进行初步调整，提升画面整体的通透度后再修复瑕疵和调整局部光影、色彩。

图1-5-3

可以适当提高“曝光”值。然后，通过提亮“白色”增加亮部的亮度，但要避免幅度过高导致的高光溢出。同时降低“黑色”的值，以增加暗部黑度，达到亮部足够白、暗部足够黑的效果，以提高通透度。还可以增加“对比度”，强化像素之间的明显差别，进一步提升通透度。对于灰蒙蒙的区域，可以稍微降低“高光”值和提高“阴影”值，追回细节层次，如图1-5-4所示。

图1-5-4

如果感觉照片仍然有雾度较高的问题，则可以增加“去除薄雾”的值，强化面与面的差别。如果想要提高画面的反差和通透度，可以增加“纹理”“清晰度”和“去除薄雾”的值，如图1-5-5所示。

图1-5-5

这样就完成了照片通透度的初步调整。后续可以使用Photoshop进行精修，强化不同面之间的对比。

1.6 重塑风光画面的光影

上一节我们已经对照片的整体颜色进行了调整，使画面变得通透。接下来，我们要对局部的影调进行重塑，基于“三大面五大调”的原理，让受光面亮起来，背光面变暗，以使画面的影调层次分布更合理。这样可以使画面看起来具有立体感，并且非常清晰。

“三大面五大调”是一种常用于摄影和绘画的光影处理方法，用于调整照片或画作的明暗度和色调。具体来说，它包括以下几个方面。

1. 三大面

亮面：接受光线直接照射的面，通常是最亮的区域。

灰面：相对于亮面接受光线直接照射的角度较小，更多是接受间接、散射光线的照射。

暗面：背离光源、接受光线照射最少的面，通常是最暗的区域。

2. 五大调

高光：受到光线直接照射的最亮部分。

明暗交界线：连接高光和中间调的区域，用于表现物体的立体感。

中间调：整体明亮度较高的区域，不受光线直接照射。

明暗反差：指的是高光与投影之间的对比度。

投影：被物体自身或其他物体遮挡而处于阴暗部分的区域。

之前我们已经对照片进行了全局明暗层次的调整，现在我们要对局部进行调整。调整前后的对比效果如图1-6-1和图1-6-2所示。

图1-6-1

图1-6-2

将照片在Photoshop中打开，如图1-6-3所示，观察照片可以发现整个画面的亮面比较理想，然而暗面有些发灰不够暗，而且画面四周存在一些乱光区域。虽然实际景物就是这样，但是这些周边明亮的点会分散视线。因此，我们可以将其弱化或移除。

图1-6-3

首先，我们创建一个曲线蒙版。找到“单一调整”面板，单击“曲线”，如图1-6-4所示。

压暗曲线，如图1-6-5所示，可以看到画面整体变暗。

但实际上我们想要压暗的主要是背光的一些区域，所以按键盘上的“Ctrl+I”组合键对蒙版进行反转操作，如图1-6-6所示。

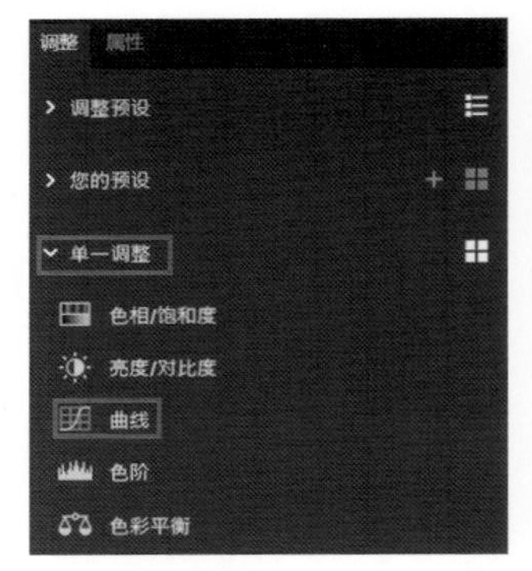

图1-6-4

图1-6-5

图1-6-6

然后在工具栏中选择“画笔工具”，设置前景色为白色，适当降低画笔的不透明度和流量，在暗面以及周围的区域进行擦拭，如图1-6-7所示。

压暗暗面之后，我们会发现画面中压暗区域与未压暗区域之间的过渡较为生硬。为了使过渡更柔和，我们可以双击“蒙版”图层，打开蒙版“属性”面板，提高羽化值，如图1-6-8所示，这样我们可以看到压暗区域与未压暗区域之间的过渡更加柔和，画面具有更强的立体感。

图1-6-7

图1-6-8

我们对比一下压暗暗面之前和之后的画面效果，可以看到压暗之后，画面明显变得更具立体感，影调也更加丰富。

在画面下方有一些受光线照射的区域特别干扰视线。这时，我们可以按键盘上的“Ctrl+Alt+Shift+E”组合键，在照片上盖印一个图层，如图1-6-9所示，该图层将包含所有可见图层的合并副本。

然后在工具栏中选择“套索”工具，勾选照片下方特别明亮的区域，可勾选多个选区，如图1-6-10所示。

图1-6-9

图1-6-10

建立多个选区之后，在照片画面上单击鼠标右键，在弹出的菜单中选择“生成式填充”，会弹出“创成式填充”对话框，如图1-6-11所示。因为我们只是要移除这些比较亮的点，所以没有必要输入提示词，直接单击“生成”。

在右侧的“变化”面板中，我们可以选择合适的效果，如图1-6-12所示。至此，照片的明暗影调重塑工作也就完成了。此时，我们会发现画面整体更加干净，层次更加丰富，并且更具立体感。

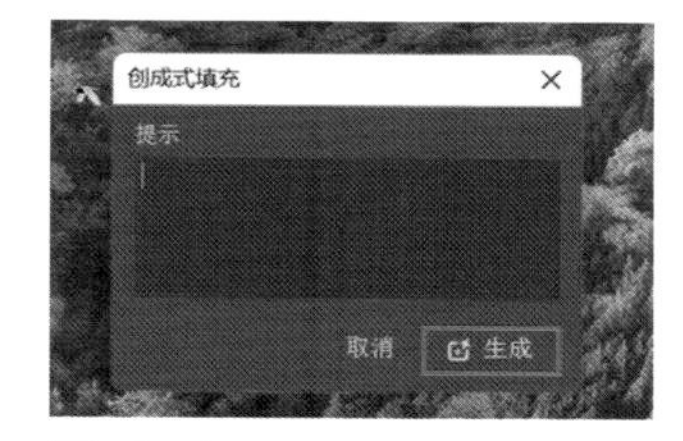

图1-6-11

图1-6-12

1.7 调色：统一画面色调

对照片的全局及局部影调层次调整完毕之后，接下来我们要对画面的色彩进行调整，主要包括两个部分。第一个部分是调整画面的色彩，让各种色彩更符合画面的主题。对于图1-7-1所示的这张照片来说，我们拍摄的是秋色，但是画面中存在大量的青绿色、绿色等，这些色彩最好要融入主色调的成分，营造一种偏暖的黄偏橙的秋色的氛围。第二个部分是统一画面色调，当前的画面色彩相对来说有些杂乱。调整前后的对比效果如图1-7-1和图1-7-2所示。

图1-7-1

图1-7-2

将照片导入Photoshop界面中，如图1-7-3所示。

图1-7-3

进行处理时，我们首先要在图层上盖印一个图层，如图1-7-4所示。

图1-7-4

将照片导入ACR中，如图1-7-5所示。

图1-7-5

找到“基本”面板，提高照片的“色温”值，如图1-7-6所示，可以看到画面整体渲染上了暖色调。

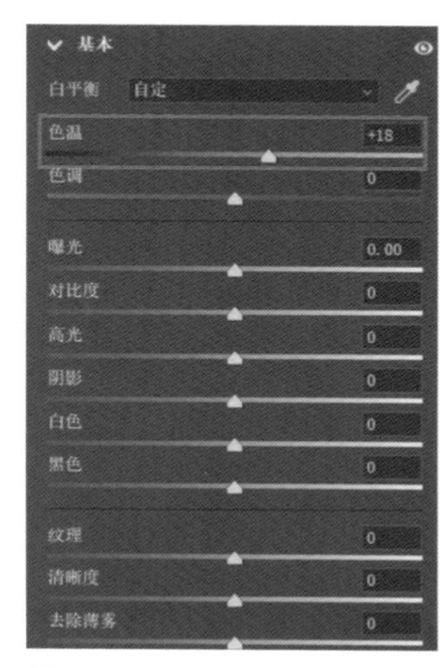

图1-7-6

进入“混色器”面板，在“色相”面板中，增加“红色”的值，减少“黄色”“绿色”和“橙色”的值，如图1-7-7所示。

进入“饱和度”面板，在其中提高“橙色”的饱和度，可以看到树木橙黄的色调更浓郁一些，秋色的氛围也更重了。然后增加“红色”和“黄色”的值，如图1-7-8所示，通过协调色彩和统一画面色调，照片效果变得非常理想。单击“确定”，回到Photoshop主界面。

图1-7-7

图1-7-8

观察照片时，我们会发现经过色彩的统一和调整后，通透度有所下降。为了解决这个问题，我们可以再次增加画面的反差。然而，目前画面的暗部和最亮部分已经相对合理，缺乏的是中间调区域的反差。这时我们可以选择中间调区域，只强化中间调区域的反差。因此我们可以使用“亮度蒙版”插件，单击“亮度蒙版”，选择“中间调”，如图1-7-9所示。

图1-7-9

使用“亮度蒙版”插件可以选择照片中的中间调区域，这些区域相对较亮。将亮度蒙版应用于照片时，可以看到最亮的部分变为黑色，最暗的部分也变为黑色，这表示这两部分不会被选中，只有一般亮度区域会被选中。

然后，单击点开“亮度蒙版”插件左下角的折叠菜单，在其中选择“色阶”，如图1-7-10所示。

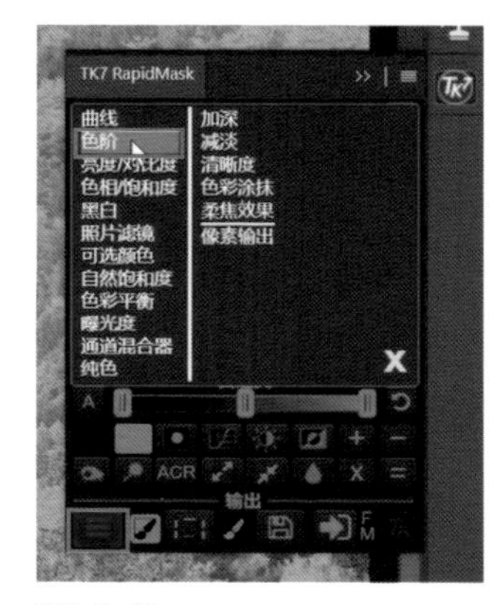

图1-7-10

在色相面板中向右拖动中间的滑块，可以加强中间调的对比度，还可以稍稍向内收缩左侧的黑色滑块以及右侧的白色滑块，如图1-7-11所示。经过这样的调整之后，我们会发现中间调的对比度得到加强，画面整体的通透度再次得到提升。

图1-7-11

至此，这张照片基本上已经处理完毕。需要强调的是，我们使用了“亮度蒙版”插件来提升中间调的对比度，使画面看起来更通透。如果你没有安装该插件，也可以直接创建“曲线蒙版”，并通过调整“S”形曲线来增强画面的通透度，只是它的效果不会像“亮度蒙版”那样，针对中间调进行单独的对比度增强。最后，我们可以对照片进行一定程度的降噪和锐化处理，再将照片保存就可以了。

1.8 借助HDR打造丰富的细节层次

我们常常会在早晚两个时间段拍摄风光。大部分情况下，这些场景是逆光或者侧逆光的，因此会产生高反差的效果。由于相机的限制，我们可能无法一次性拍摄到同时具备丰富的高光和暗部细节的照片。有时候，高光细节完整但是暗部会出现细节丢失；有时候，暗部细节较好但是高光容易过曝。为了解决这个问题，在拍摄高反差场景时，常常需要采用包围曝光的方式，即拍摄多张曝光不同的照片，然后在后期软件中进行HDR合成，以得到一张细节丰富、完整的照片。本节将介绍如何借助HDR打造风光题材照片丰富的细节和层次。所谓HDR，即高动态范围成像，它能够同时保留照片的高光细节和暗部细节。调整前后的对比效果如图1-8-1和图1-8-2所示。

图1-8-1

图1-8-2

将照片导入ACR中，如图1-8-3所示，可以看到同一个画面有三张不同曝光值的照片。

图1-8-3

按住“Shift”键将三张照片全部选中，然后，用鼠标右键单击其中一张照片，在弹出的菜单中选择“合并到HDR”，如图1-8-4所示。软件会自动计算并保留低曝光值照片的亮部、高曝光值照片的暗部，以及标准曝光值照片的一般亮度区域，从而合成一张同时具备暗部和高光细节的照片。

图1-8-4

在HDR合并预览界面中，我们可以看到HDR效果。此外，在界面右侧还有“对齐图像”和“应用自动设置”两个选项。“对齐图像”功能可以确保拍摄素材之间对齐，避免模糊。“应用自动设置”功能会对照片进行明暗影调和色彩的优化，类似于ACR基本面板中的“自动”效果。“消除重影”功能主要用于消除不同素材之间因移动产生的模糊感，例如水面涌动或树木摇动。“显示叠加”选项则用于显示软件消除重影的位置，一般情况下不需要勾选。最后，单击“合并”，如图1-8-5所示。

图1-8-5

软件会将合并效果保存为一个文件，如图1-8-6所示。

图1-8-6

接下来，进入“基本”面板对画面进行整体调优。适当降低“饱和度”和“自然饱和度”的值，增加“阴影”，如图1-8-7所示。

图1-8-7

在“混色器”面板中，可以协调画面的色彩，降低“蓝色”和“紫色”的饱和度，如图1-8-8所示。

切换到“色相”面板，增加“浅绿色”的值，减少“紫色”的值，如图1-8-9所示。

最后，在“细节”面板中进行锐化和降噪处理，消除照片中的噪点，如图1-8-10所示。

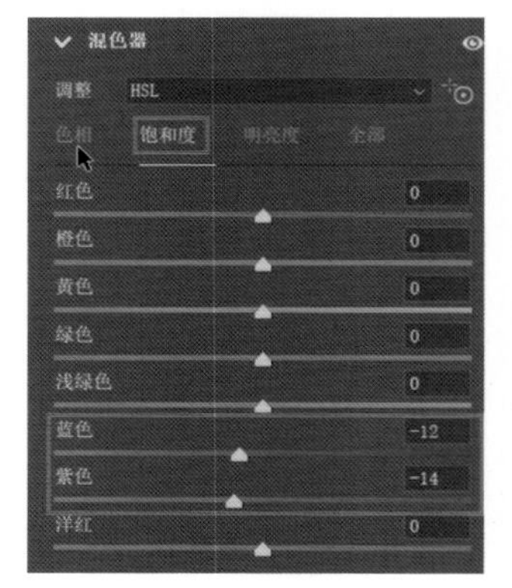

图1-8-8

图1-8-9

图1-8-10

如果感觉水平线稍有倾斜，可以切换到“几何”面板并使用“水平校正”功能进行微调，如图1-8-11所示。

图1-8-11

最后，完成照片的处理后，保存照片。通过使用HDR调整，我们可以尽可能地恢复照片中的高光和暗部细节层次，使画面更加丰富。

1.9 高反差自然风光照片精修

本节我们讲解高反差自然风光照片的后期处理技巧。对于高反差场景，在拍摄时我们可以使用包围曝光的方式进行拍摄，并在后续进行HDR合成，从而得到细节更丰富的画面。但如果在拍摄时没有采集到包围曝光的素材，也可以使用一种模拟HDR的方式来得到细节更丰富的照片画面。调整前后的对比效果如图1-9-1和图1-9-2所示。

图1-9-1

图1-9-2

首先，将照片在ACR中打开。在“基本”面板中，将“高光”值降至最低，稍微降低“曝光”值，如图1-9-3所示，使天空部分的细节得以恢复。

图1-9-3

通过按住“Shift”键并单击“打开对象”，将当前照片以智能对象的形式打开，如图1-9-4所示。在Photoshop中，“打开对象”和“打开”有一些区别。

“打开对象”指将一个文件以智能对象的形式导入当前的工作文档中。这意味着原始文件将被嵌入工作文档中，并且可以进行非破坏性的编辑，而不会对原始文件进行任何更改。通过双击智能对象，可以重新打开原始文件进行编辑，然后保存并应用更改。

而“打开”则是直接打开一个文件，它将在Photoshop中作为一个单独的文档打开，没有与其他文档之间的链接或关联。任何编辑或更改都将直接应用于打开的文件本身，而不会影响其他文档。

因此，“打开对象”提供了更大的灵活性和非破坏性的编辑选项，同时保留了对原始文件的链接和可随时编辑的能力。而"打开"只是简单地打开一个文件进行编辑，对原始文件没有进行链接和关联。

图1-9-4

将照片导入Photoshop界面中，如图1-9-5所示。

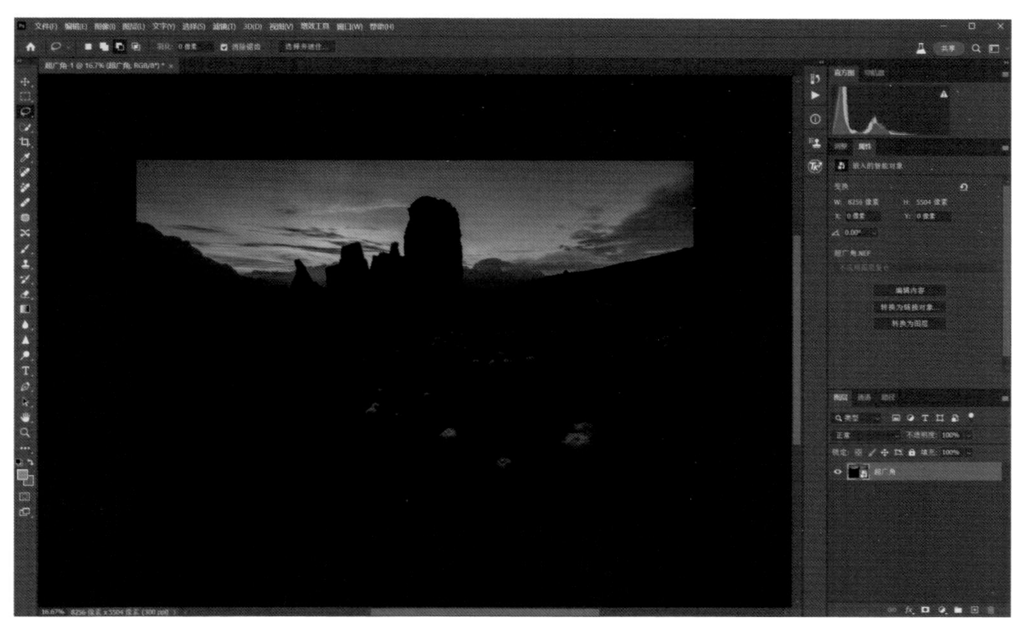
图1-9-5

可以看到图层面板中图层图标右下角有一个智能对象的标记，表示该图层是一个智能对象。我们可以随时双击图层图标，重新回到ACR界面。在这个过程中，不会有细节损失。接下来，我们可以按键盘上的“Ctrl+J”组合键，复制一个图层，如图1-9-6所示。

用鼠标右键单击图层空白处，在弹出的菜单中选择“栅格化图层”，如图1-9-7所示。栅格化图层是将图层中的矢量元素或智能对象转换为像素数据的过程。这将使图层失去可编辑的矢量性质，变成一个普通的像素图层，其中的内容不再可以进行非破坏性的编辑。

值得注意的是，栅格化图层是一个不可逆的操作，一旦图层被栅格化，就无法回到原始的矢量或智能对象状态。因此，在进行栅格化之前，建议先创建图层的备份，以便在需要时还原到原始状态或进行进一步的编辑。

图1-9-6

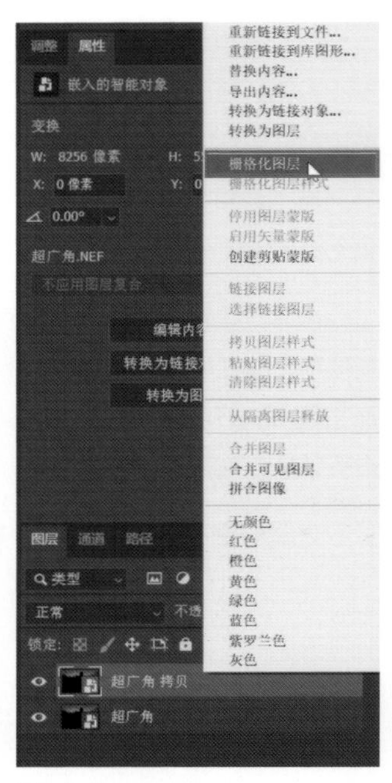

图1-9-7

双击智能对象图层，进入ACR中，在该图层中，我们需要提高“曝光”“对比度”以及“黑色”的值等，如图1-9-8所示。对于这个图层，不需要过多关注天空的细节问题，主要考虑地景，使其展现更合理的亮度并呈现更多的细节。最后，单击“确定”。

图1-9-8

选中上方图层，按“Ctrl+Alt+2”组合键，选中照片的高光部分，如图1-9-9所示。

图1-9-9

单击“添加蒙版”，如图1-9-10所示。按键盘上的“Ctrl+Alt+Shift+E”组合键可以创建一个新图层，并将之前的处理效果压缩到这个图层中，如图1-9-11所示。

另外，按“Ctrl+Shift+A”组合键将照片导入ACR中，进行进一步的调整，如图1-9-12所示。

图1-9-10

图1-9-11

图1-9-12

找到“混色器”面板，调整“绿色”的明亮度，如图1-9-13所示。

对“蓝色”的饱和度进行调整，如图1-9-14所示。

进入“色相”面板，调整“红色”“橙色”和“黄色”的色相值，如图1-9-15所示。

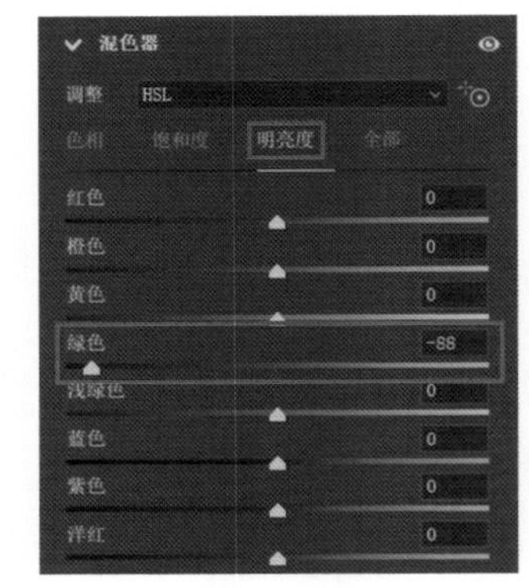

图1-9-13

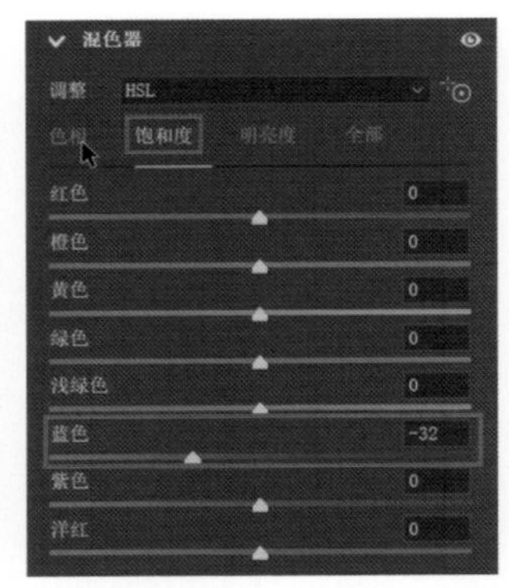

图1-9-14

图1-9-15

单击右侧工具栏的“蒙版”，选择“径向渐变”，如图1-9-16所示。

图1-9-16

在天空的霞云区域创建一个径向调整的区域，在该区域内降低“高光”值，以避免最亮的部分变得更亮，如图1-9-17所示。

图1-9-17

然后提高“色温”值和“色调”值，如图1-9-18所示。经过这样的处理，可以看到霞云变得更加强烈。

图1-9-18

接下来，我们处理岩石部分。单击“减去”，选择“亮度范围”，如图1-9-19所示。

用吸管吸取岩石的颜色，如图1-9-20所示。

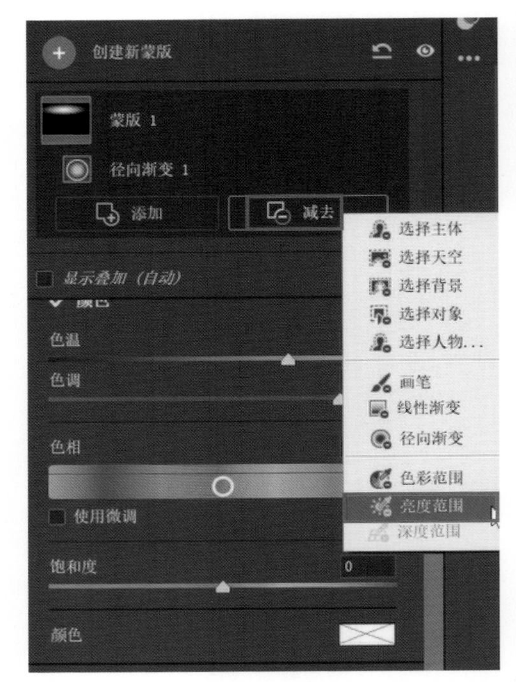

图1-9-19

图1-9-20

再次利用吸管吸取岩石上残留的其他的颜色，如图1-9-21所示。

选择“污点修复画笔工具”，如图1-9-22所示，单击并拖动鼠标，将画笔应用到要修复的区域，将照片中的人物去掉，去掉之后的效果如图1-9-23所示。

图1-9-21

图1-9-22

图1-9-23

选择“套索工具”，将照片中的小路选中，如图1-9-24所示。

右键单击照片，选择“生成式填充”，如图1-9-25所示。

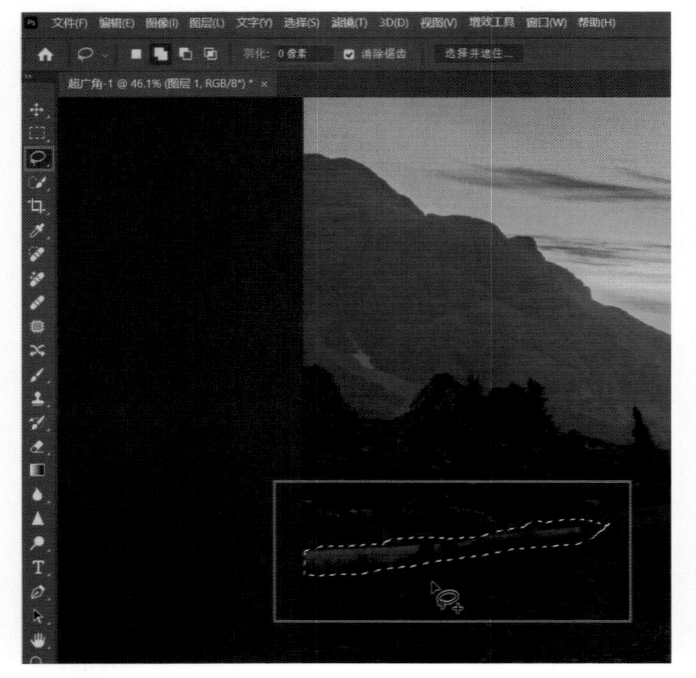

图1-9-24

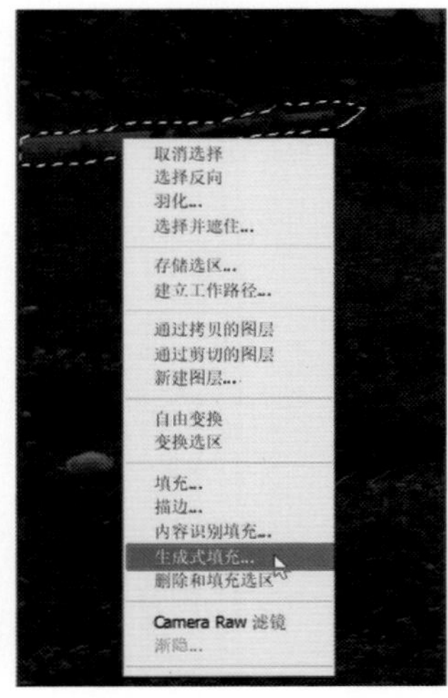

图1-9-25

在弹出的“创成式填充”的对话框中，无须添加任何提示，单击“生成”即可，如图1-9-26所示。

修复之后的照片效果如图1-9-27所示。

单击“选择”菜单，选择“色彩范围”，如图1-9-28所示。

图1-9-26

图1-9-27

图1-9-28

在弹出的“色彩范围”对话框中，选择“取样颜色”，利用吸管工具吸取花朵的颜色，调整颜色容差，然后单击“确定”，如图1-9-29所示。

进入“单一调整”面板，单击“曲线”，如图1-9-30所示。

图1-9-29

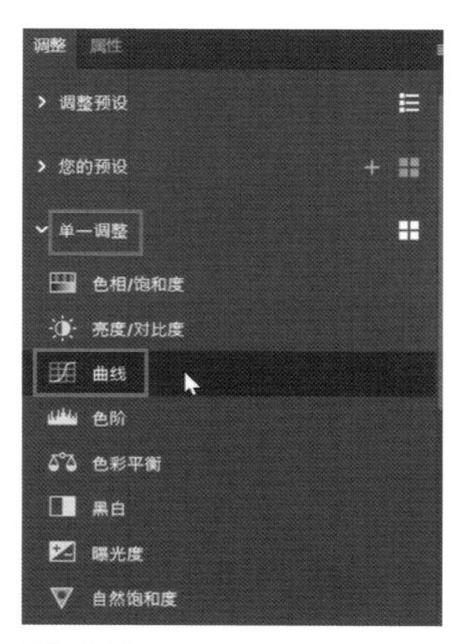

图1-9-30

提亮曲线，如图1-9-31所示。

图1-9-31

盖印一层图层，将照片转为像素图层，然后按“Ctrl+J”组合键复制一层图层，如图1-9-32所示。

单击“滤镜”菜单，选择“其他”，选择“高反差保留”，如图1-9-33所示。

图1-9-32

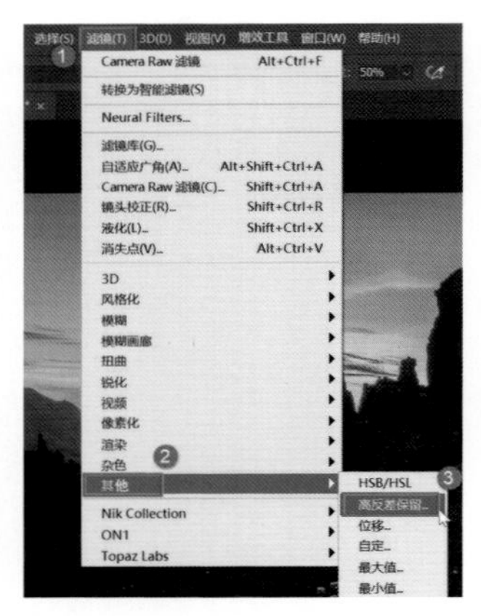

图1-9-33

在弹出的“高反差保留”对话框中，调整半径像素，单击“确定”，如图1-9-34所示。

将图层混合模式改为“叠加”，如图1-9-35所示。

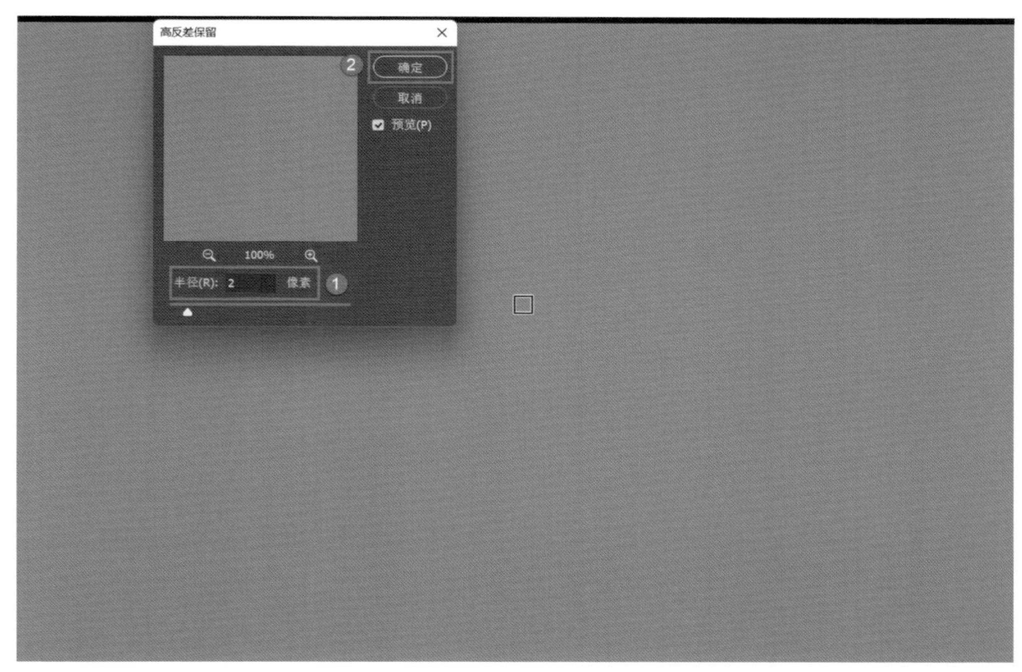

图1-9-34

图1-9-35

单击“滤镜”菜单，选择“Nik Collection”，然后选择“Color Efex Pro4”，如图1-9-36所示。

进入“Color Efex Pro4”界面，选择“古典柔焦”，在寻找结果中选择“01-柔焦点”，如图1-9-37所示，然后单击“确定”。

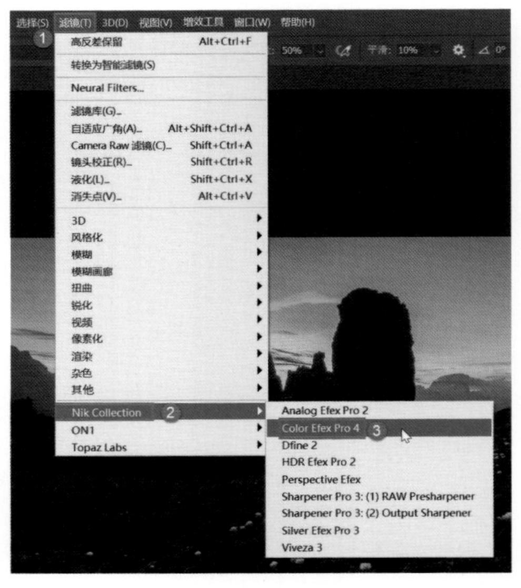

图1-9-36

图1-9-37

对于照片中高光部分过曝的问题，我们可以利用快捷键“Ctrl+Alt+2”将高光部分选中，如图1-9-38所示。

单击“选择”菜单，选择“反选”，如图1-9-39所示。

图1-9-38

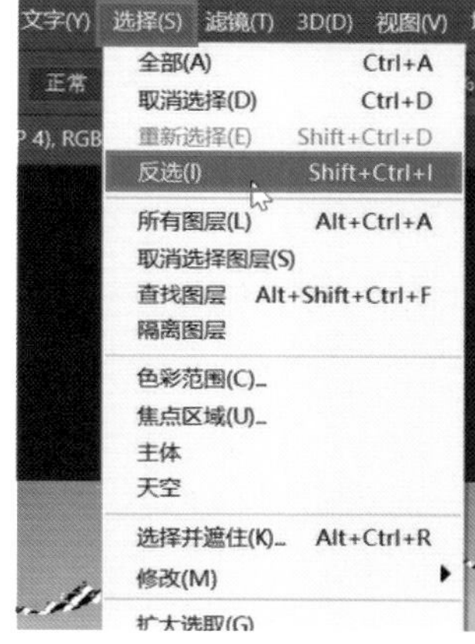

图1-9-39

反选之后的效果如图1-9-40所示。

图1-9-40

单击“添加蒙版”，如图1-9-41所示，我们可以为暗部选区创建一个图层蒙版，这样就能保留下暗部区域，同时最亮的部分被排除掉了。通过这种方式，我们可以压暗高光，并得到最终的画面效果。最后，我们只需要右键单击某个图层的空白处，在弹出的菜单中选择“拼合图像”，然后保存照片即可。

图1-9-41

1.10 低反差自然风光照片精修

本节介绍低反差自然风光画面处理的思路和技巧。如图1-10-1所示，我们可以看到当前画面是在散射光环境下拍摄的，反差比较低。在处理这种画面时，需要注意寻找照片中的潜在光源，即使在散射光环境中，画面也应该有一定的光源照射，否则画面会显得暗淡。观察这张照片，我们可以发现左上角是整张照片最亮的位置，光线从左上角向右下方投射。为什么要找光源呢？找到光源后，我们可以在一定程度上增强光线的照射效果，从而使散射光环境更具丰富的影调层次和立体感。调整前后的对比效果如图1-10-1和图1-10-2所示。

图1-10-1

图1-10-2

将照片导入ACR中，调整照片的“色温”和“色调”，增加“曝光”的值，减少“高光”的值，增加“纹理”和“清晰度”，如图1-10-3所示。

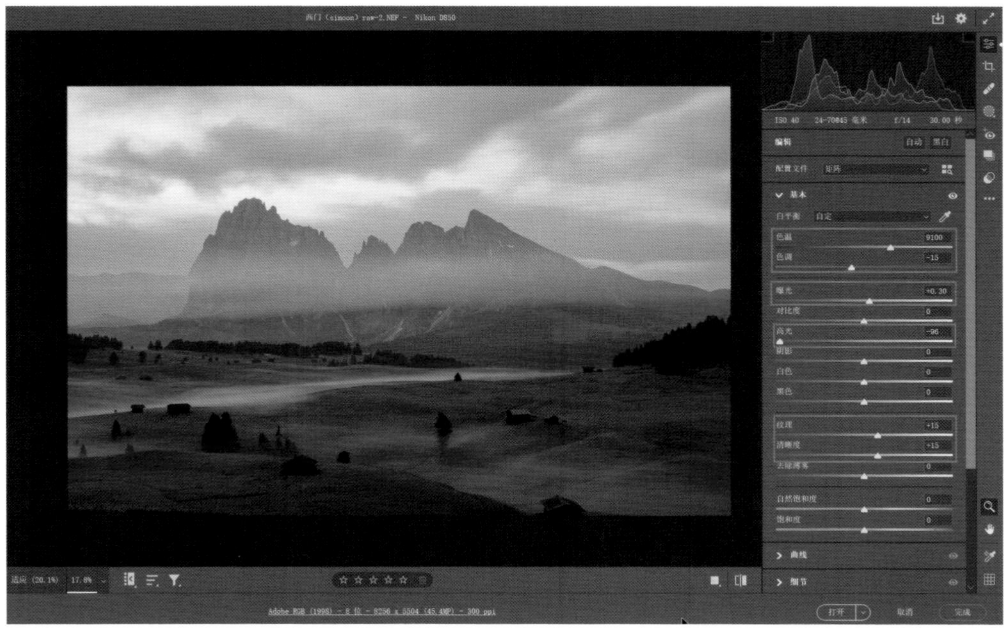

图1-10-3

单击右侧工具栏中的“蒙版”，选择“径向渐变”，如图1-10-4所示。

在照片的右上角创建一个渐变区域，提高该区域的曝光值，可以观察到画面中出现了一定的光感。需要注意的是，我们可以适当调整光线照射位置的大小。可以适度降低“高光”值，以避免左上角出现高光溢出的问题。自然光线通常带有微微的暖色调，特别是早晨的光线。因此，可以略微增加光线的“色温”值和“色调”值，给画面添加一些暖意，如图1-10-5所示，这样可以增强画面的立体感。

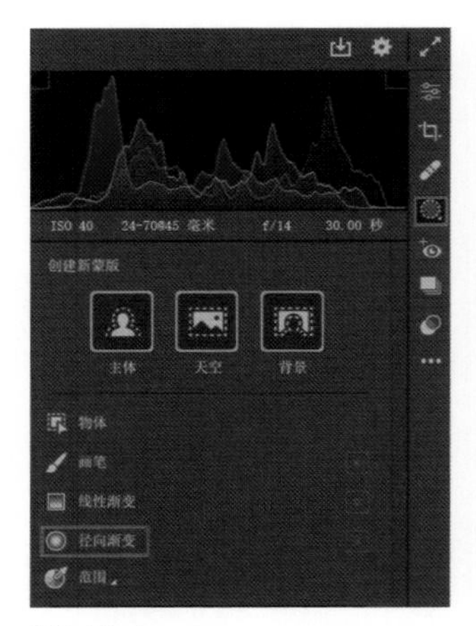

图1-10-4

图1-10-5

单击“创建新蒙版”，选择“径向渐变”，如图1-10-6所示。此时，我们不能直接单击“添加”，因为如果我们单击“添加”，会得到与上一个渐变参数相同的渐变。

图1-10-6

调整渐变的位置，增加“曝光”的值，如图1-10-7所示。

在左侧的工具栏中选择“污点修复画笔工具”，如图1-10-8所示，对照片中的杂草部分和照片底部的房子进行去除。

图1-10-7

图1-10-8

修复之后的效果如图1-10-9所示。

单击“TK7 RapidMask”，进入到“TK7 RapidMask”面板，单击“中间调”，如图1-10-10所示。

图1-10-9

图1-10-10

单击左下角的第一个按钮，在弹出的列表中选择“色阶”，如图1-10-11所示。

在右侧的面板中，对“色阶”进行调整，通过向右拖动灰色滑块，我们可以增强中间调的对比度。接着，稍微向左拖动白色滑块和向右拖动黑色滑块，进一步增强中间调的对比度。然后，收起“亮度蒙板”面板。这样，中间调的对比度被增强，整个画面的反差也会增加，如图1-10-12所示。我们初步完成了照片的调整。

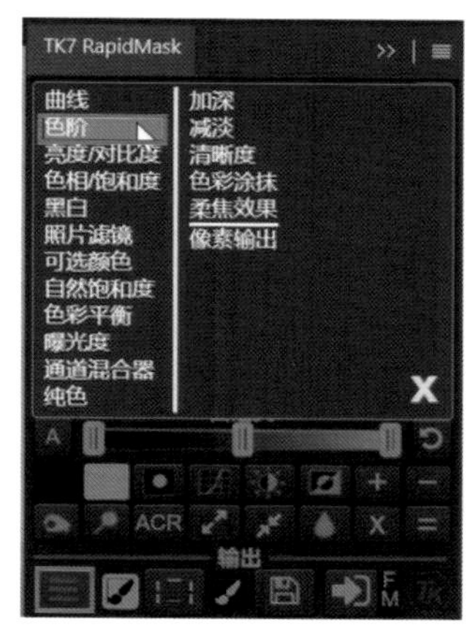

图1-10-11

图1-10-12

1.11 Photoshop AI生成式构建画面

本节我们介绍一下新版本Photoshop增加的一个新功能：生成式填充。这个功能只在Photoshop AI 24.5及之后版本中才有。通过生成式填充，我们可以轻松修掉照片中的一些杂物，并且不留痕迹。同时，还可以将照片中的元素无痕替换为其他物体，效果非常好。借助这个功能，我们甚至可以凭借一个单一的主体，无限扩大画面，将场景扩展成一个元素丰富的大场景。调整前后的对比效果如图1-11-1和图1-11-2所示。

图1-11-1

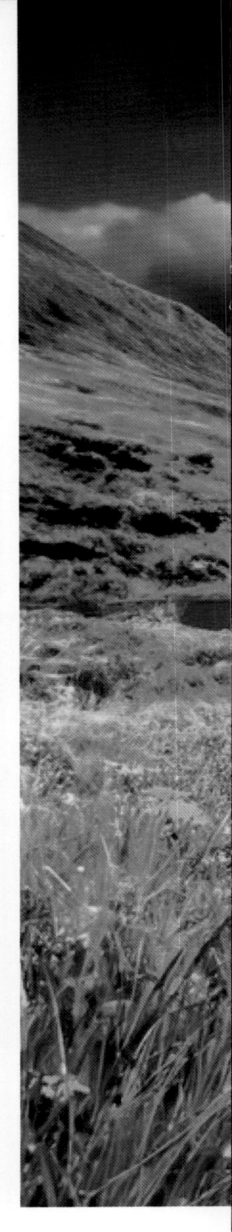

图1-11-2

接下来，我们来学习生成式构建画面的具体操作。在工具栏中选择“裁剪工具”，然后单击鼠标画出裁剪线，并向外拖动扩大画面的大小，如图1-11-3所示。

选择“矩形选框工具”，框选照片的大部分区域，但四周要留出一定的像素，如图1-11-4所示，便于Photoshop进行识别。

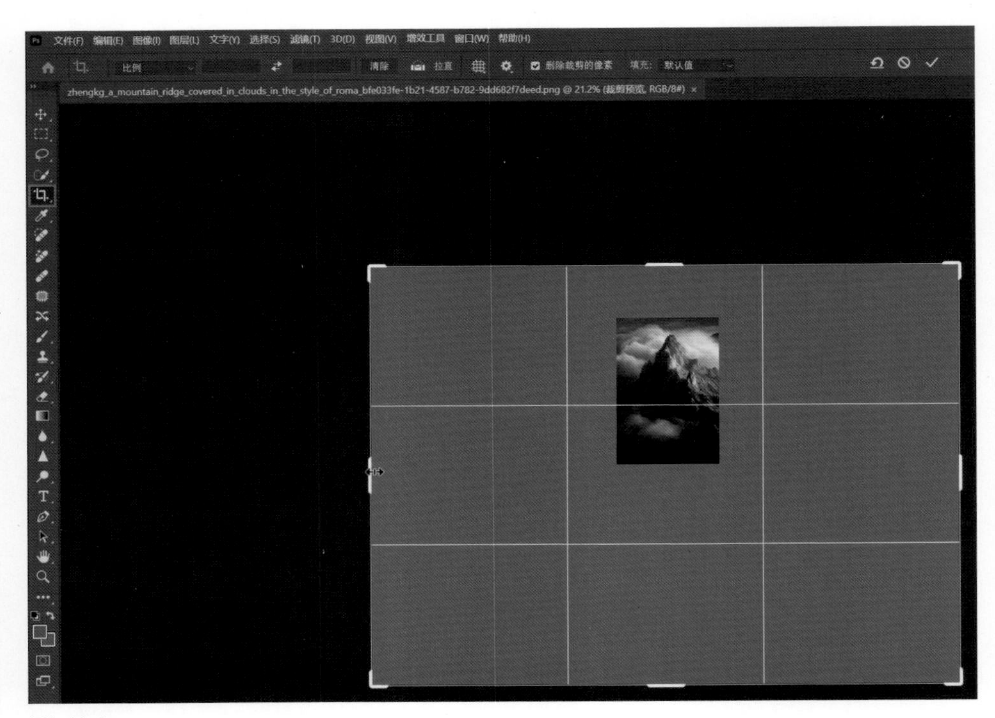
文件(F) 编辑(E) 图像(I) 图层(L) 文字(Y) 选择(S) 滤镜(T) 3D(D) 视图(V) 增效工具 窗口(W) 帮助(H)
比例
清除
拉直
删除裁剪的像素
填充:
默认值
zhengkg_a_mountain_ridge_covered_in_clouds_in_the_style_of_roma_bfe033fe-1b21-4587-b782-9dd682f7deed.png @ 21.2% (裁剪预览, RGB/8#)
图1-11-3

文件(F) 编辑(E) 图像(I) 图层(L) 文字(Y) 选择(S) 滤镜(T) 3D(D) 视图(V) 增效工具 窗口(W) 帮助(H)
羽化:
0 像素
样式:
正常
选择并遮住...
zhengkg_a_mountain_ridge_covered_in_clouds_in_the_style_of_roma_bfe033fe-1b21-4587-b782-9dd682f7deed.png @ 21.2%(RGB/8#) *
图1-11-4

右键单击鼠标，选择“选择反向”，如图1-11-5所示。

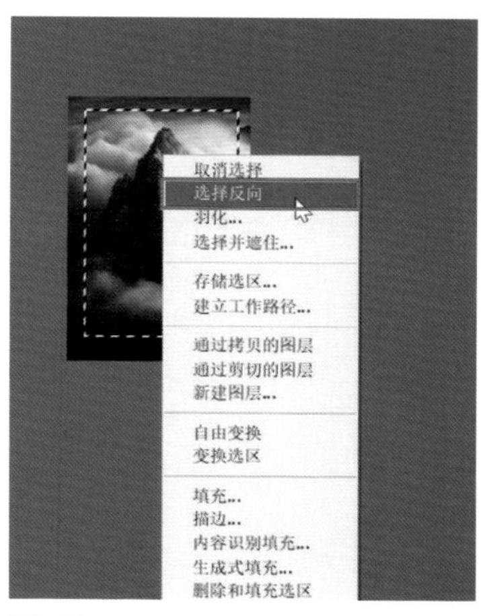

图1-11-5

选择反向之后的效果如图1-11-6所示。

右键单击选区，选择“生成式填充”，如图1-11-7所示。

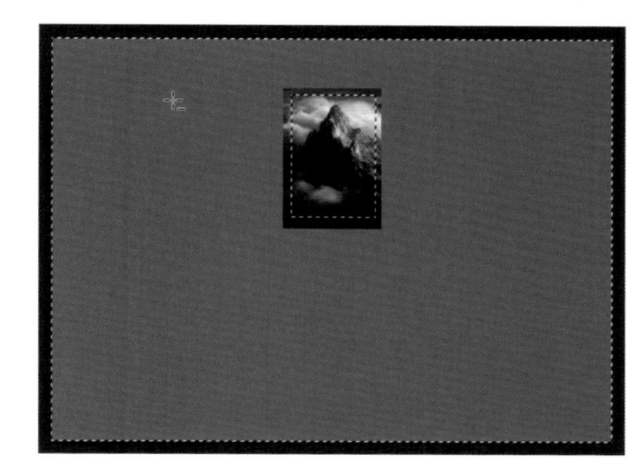

图1-11-6

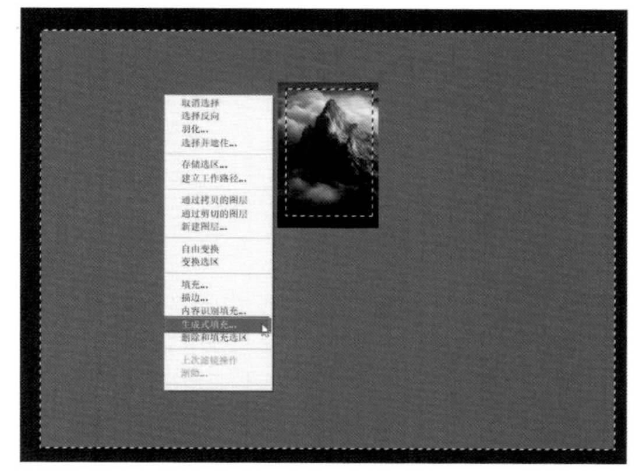

图1-11-7

将我们需要生成的内容用文字表述，并将其转换成英文，如图1-11-8所示。

图1-11-8

将这段英文复制粘贴到“创成式填充”的文本框中，如图1-11-9所示，然后单击“生成”。

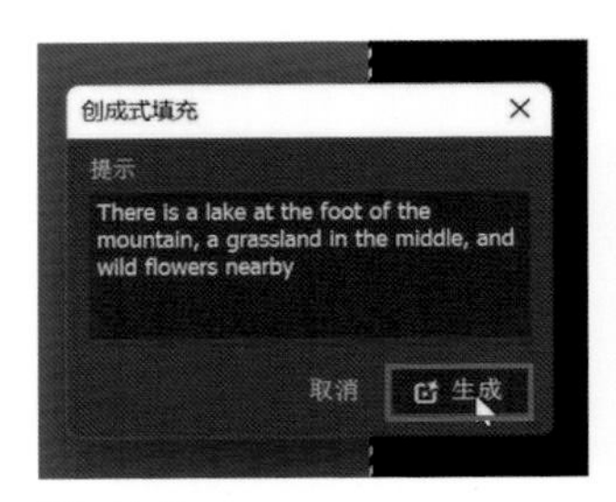

图1-11-9

生成之后的效果如图1-11-10所示。我们可以看到生成的效果非常出色。Photoshop提供了三种不同的变化供我们选择。我们可以逐个单击，选择自己最满意或喜欢的效果。从一个简单的山峰主体生成了一张元素丰富的大场景自然风光照片，这展示了生成式填充功能的强大之处。

图1-11-10

第一次填充完成后，我们可以继续扩展照片，将两侧的区域扩大。利用“裁剪工具”将照片两侧的画面进行扩展，如图1-11-11所示。

在工具栏中选择“矩形选框工具”，选中照片两侧的区域，如图1-11-12所示。

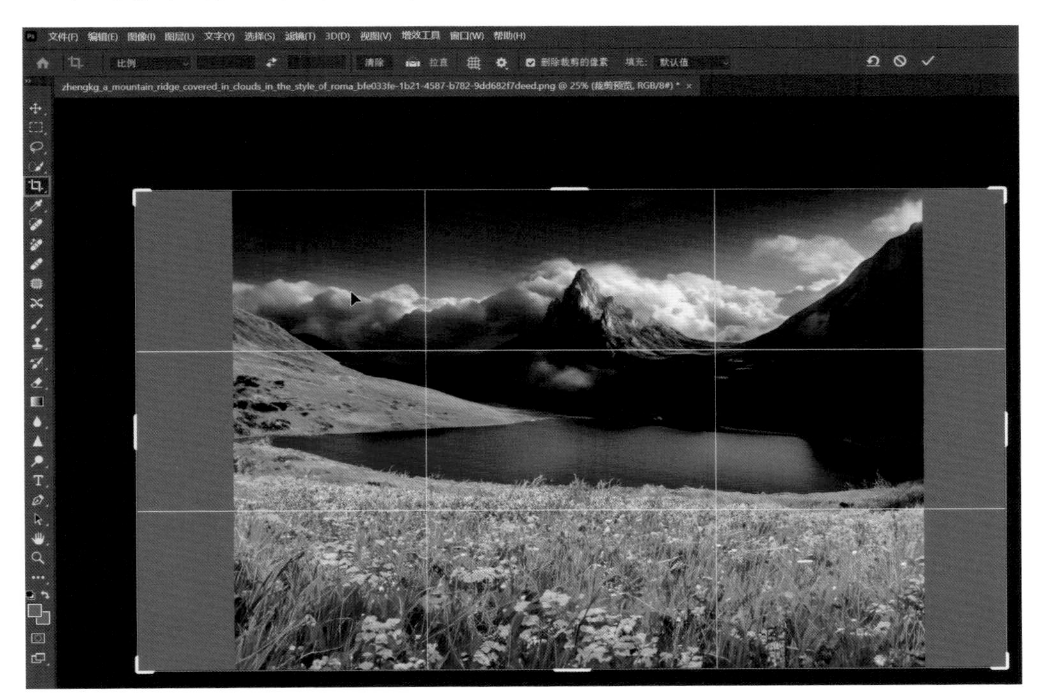

图1-11-11

图1-11-12

对两侧的区域进行生成式填充，如图1-11-13所示。通过第二次生成，画面的构图变得更加合理，画面更加完整。我们还可以再次选择更适合的效果，可以根据自己的喜好进行选择。最终完成照片的生成后，可以将图层保存下来，这样就得到了一张效果非常好的大场景风光照片。

图1-11-13

生成式填充功能不仅实用，而且使用起来非常方便。通过这个功能，我们可以轻松地对照片进行修复和扩充，将单一主体扩展成丰富的大场景。同时，Photoshop提供了多种不同的效果供我们选择，以满足不同需求。

CHAPTER 2

第2章 人像摄影后期思路与实战

本章将介绍人像摄影后期处理的思路和实际操作，包括瑕疵修复、人像磨皮、光影调整、色彩协调和补色技巧等关键内容。通过学习本章的内容，读者能够提升人像摄影作品的质量和美感。

2.1 瑕疵修复三大技巧之一：污点修复画笔和修复画笔

本节我们将介绍“修复工具”的使用方法。“修复工具”的主要功能是去除照片中的一些杂物、人物皮肤表面的瑕疵等。常见的修复工具有很多，但实际上常用的只有4种，分别是“污点修复画笔工具”“修复画笔工具”“修补工具”和“仿制图章工具”。其他工具使用较少，修复效果也不够理想。只有这4种工具功能强大且使用简单。

调整前后的对比效果如图2-1-1和图2-1-2所示。

图2-1-1

图2-1-2

我们先放大图2-1-1这张照片，可以看到人物面部有很多瑕疵。要修复这些瑕疵，首先单击“创建新图层”，新建一个图层，可以通过双击图层名称为图层重新命名，如图2-1-3所示。

图2-1-3

“污点修复画笔工具”的原理是通过在照片中套选并填充瑕疵周围正常区域的方式进行修复。当用该工具选择一个瑕疵时，软件会采样瑕疵周围的正常皮肤区域，然后将这个样本应用到瑕疵处，以模拟和填充瑕疵，从而实现修复效果。因此，“污点修复画笔工具”适用于修复周围没有明显纹理或规律的瑕疵，并且要确保画笔直径稍大于瑕疵，否则修复效果会不好。

选择“污点修复画笔工具”，在选择后可以看到光标变为圆形。调节画笔的大小，直接将光标套住瑕疵，然后单击即可完成修复。然后将鼠标移动到照片中的瑕疵上，单击鼠标左键修复即可，同样的方法还可以修复其他位置的瑕疵，如图2-1-4所示。

在人像摄影后期中，“修复画笔工具”是一个非常重要的工具，如图2-1-5所示。很多摄影师习惯使用它来修复一般的瑕疵，因为它能够实现更自然、更真实的修复效果。我们可以从周围的一些位置取样，将这些样本填充到瑕疵处，就能得到非常好的修复效果。然而，“修复画笔工具”也存在一些缺点，它需要频繁地在瑕疵周围进行取样，这可能会带来一些不便。

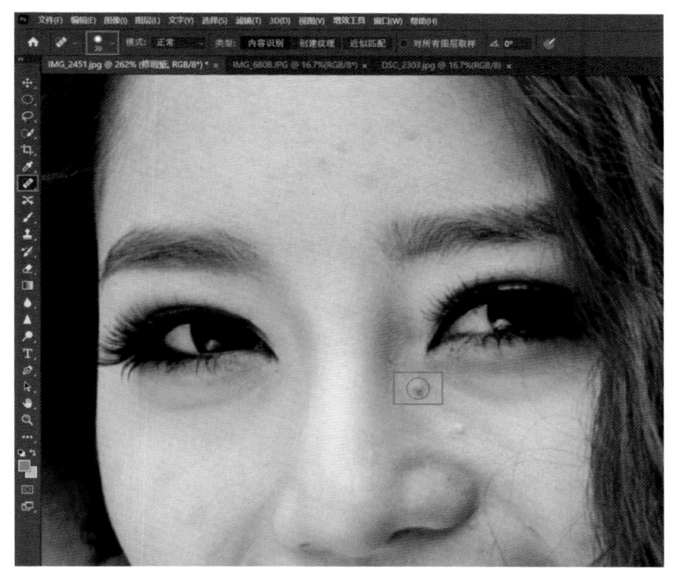

图2-1-4

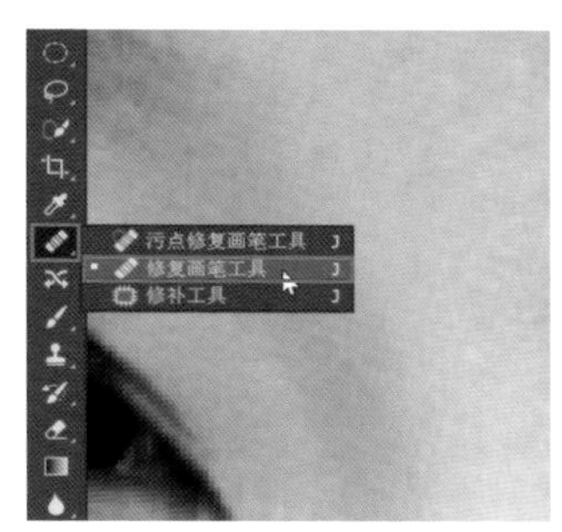

图2-1-5

另外，在使用“修复画笔工具”时，我们还需要注意勾选选项栏中的“对齐”选项，如图2-1-6所示。如果不勾选“对齐”，填充所有瑕疵时都会从最初设置的取样源进行取样。

图2-1-6

按住键盘上的“Alt”键，适当调整画笔的大小，单击鼠标左键选择取样源，如图2-1-7所示。

然后，将鼠标移动到瑕疵上，单击鼠标左键，完成修复，如图2-1-8所示。

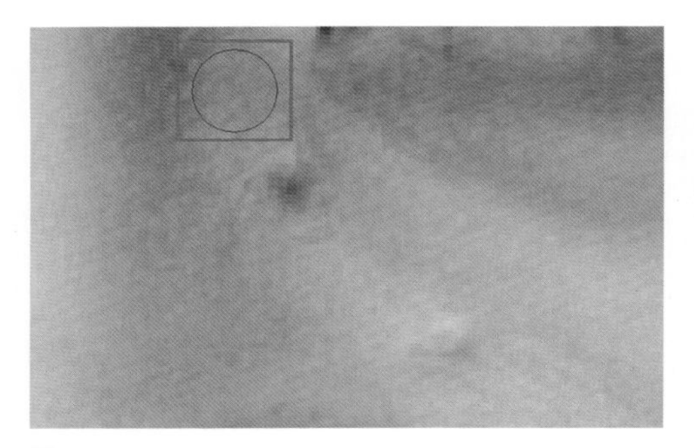

图2-1-7

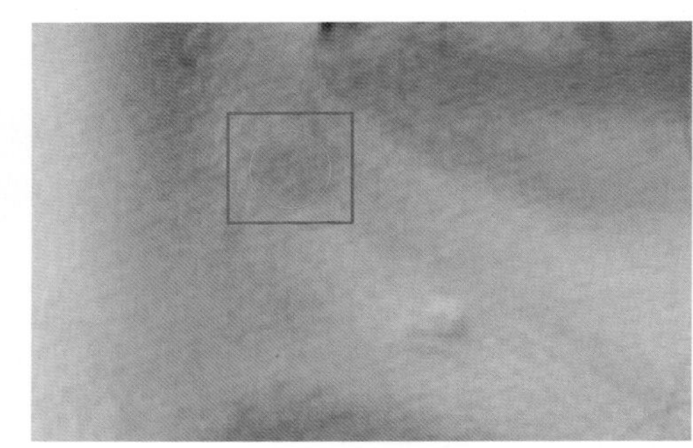

图2-1-8

2.2 瑕疵修复三大技巧之二：修补工具和仿制图章工具

“修补工具”是一种功能强大且简单易用的工具。它主要用于修复图像中的瑕疵和缺陷，特别适用于修复线条状的瑕疵，如头发等。使用“修补工具”修复瑕疵非常简单。首先，选择需要修补的选区，如图2-2-1所示。

然后，选择“修补工具”，在图像中单击并拖动鼠标来定义一个修复区域，如图2-2-2所示。

图2-2-1

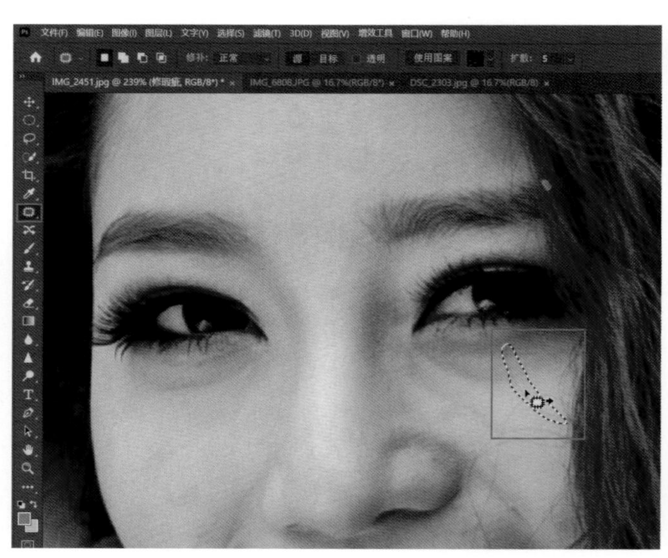

图2-2-2

通常在正常皮肤区域周围选择一个相似的区域，将选区拖动至该区域，如图2-2-3所示，“修补工具”会自动根据选取的区域进行修复，填补瑕疵，使其与周围的图像无缝融合。“修补工具”的原理是通过取样和填充来实现修复效果。当我们选取一个区域作为修复样本时，“修补工具”会分析该样本的纹理、色彩和明暗等特征，并将这些特征应用到待修复的区域上，实现瑕疵的修复。

利用快捷键“Ctrl+D”取消选区，修补之后的效果如图2-2-4所示。需要注意的是，在选择修复样本时，最好选择与待修复区域相似的区域，以确保修复的结果更加自然和真实。此外，如果修复效果不理想，可以尝试多次取样和修复，或者调整“修补工具”的参数，如画笔的大小和模式等，以获得更好的修复效果。

图2-2-3

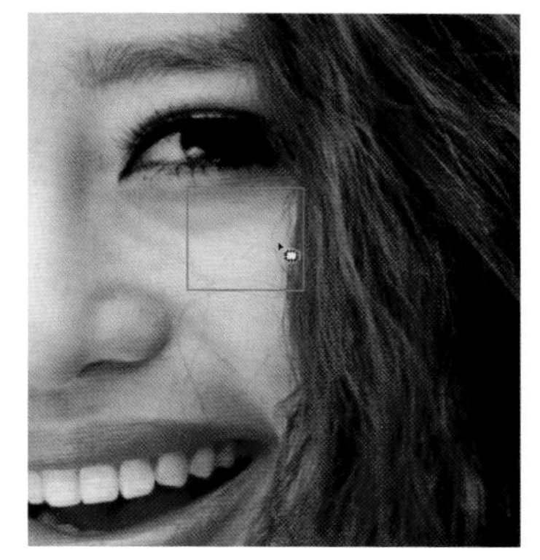

图2-2-4

最后我们来看一下“仿制图章工具”。实际上，“仿制图章工具”的操作和“修复画笔工具”是完全一样的，都需要我们提前在周边正常皮肤的位置单击取样。但不同的是，“修复画笔工具”会从仿制源取样之后经过计算混合，来填充瑕疵区域，融合效果很好。而“仿制图章工具”则不同，它会将仿制源的明暗色彩、纹理等原封不动地进行复制，然后粘贴到瑕疵位置，有时会导致明显的纹理不匹配问题。

在人像摄影中，使用“仿制图章工具”修复皮肤时，取样位置的皮肤与瑕疵位置的皮肤会有明显不同。可以尝试将“不透明度”提高，选择周边取样然后填充，可以看到它会直接复制取样位置的皮肤，导致纹理不匹配。因此，这个工具无法很好地修饰人物的皮肤，只能用在一些特定的场景，比如修复规律变化的背景上的瑕疵，完整地复制背景去遮盖瑕疵可能效果更好。

“仿制图章工具”比较适合用于快速优化一些特别粗糙的皮肤，比如人物的后背、胳膊等位置，如图2-2-5所示。

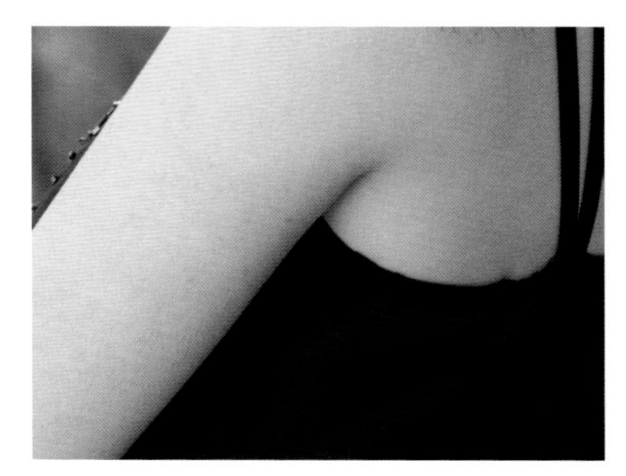

图2-2-5

首先，选择“快速选择工具”，将人物的手臂和后背选中，以避免仿制图章盖到衣服上，然后，选择“仿制图章工具”，在粗糙的皮肤上单击鼠标左键取样，可以快速遮盖皮肤上的痕迹，使皮肤变得光滑，如图2-2-6所示。修复完毕后取消选区，可以看到修复后的皮肤非常光滑干净，而修复前的效果不理想。这是仿制图章最主要的一个应用场景，可以快速修复特别粗糙的皮肤。

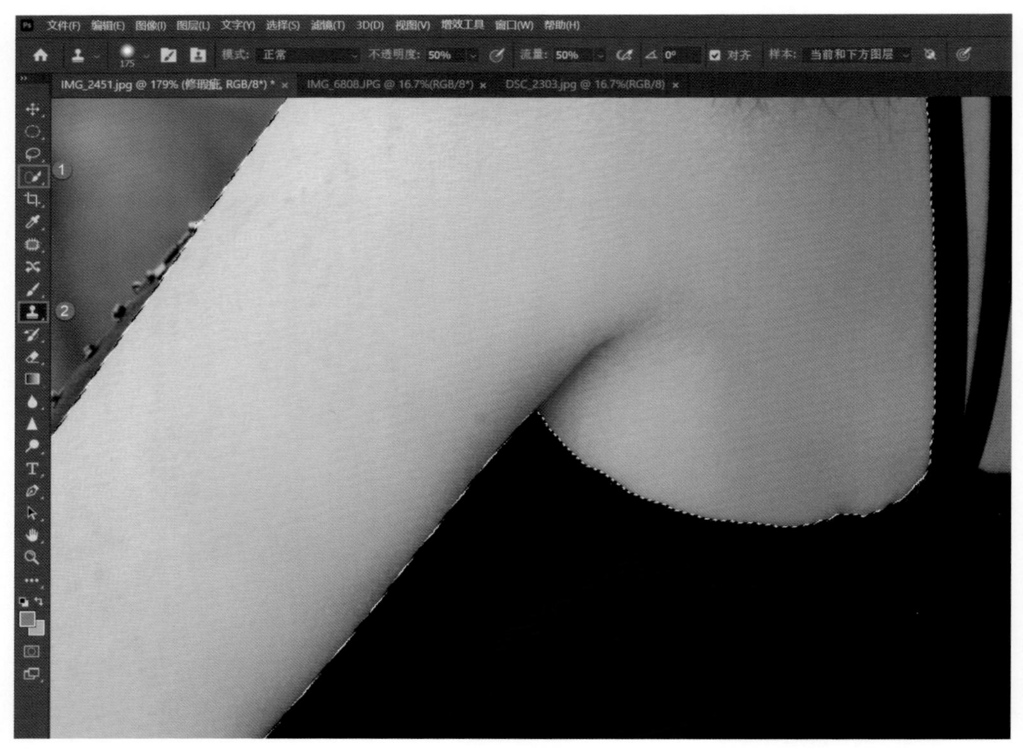

图2-2-6

2.3 瑕疵修复三大技巧之三：用遮挡法修复瑕疵

本节我们介绍一种比较特殊的瑕疵修复方法，利用像素遮挡的方式修复比较明显的瑕疵，不需要使用大部分的修复工具。让我们通过一个案例来说明。在如图2-3-1所示的这张照片中，人物的头发四周有很多乱发，如果只使用一般的修复工具，很难快速高效且精准地修掉这些乱发。这时我们可以考虑使用特殊的方法，即遮挡法。具体来说，就是用人物周边没有乱发的像素来遮挡这些乱发。

图2-3-1

首先，在工具栏中选择“套索工具”，选择一片没有乱发的区域，但要尽量靠近乱发所在的区域，如图2-3-2所示。

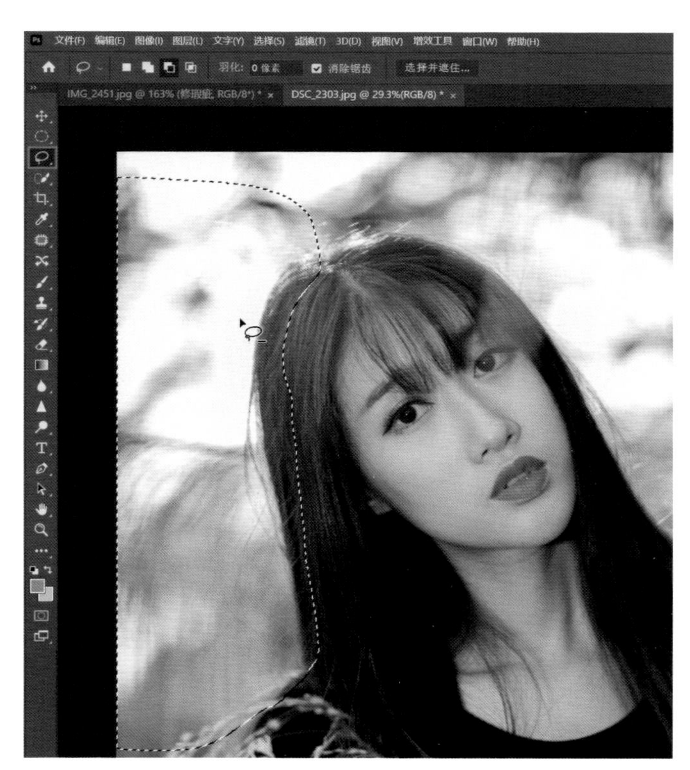

图2-3-2

按下“Ctrl+J”组合键，将选中的选区创建一个图层，如图2-3-3所示。

选择“移动工具”，将选区向右移动，如图2-3-4所示。

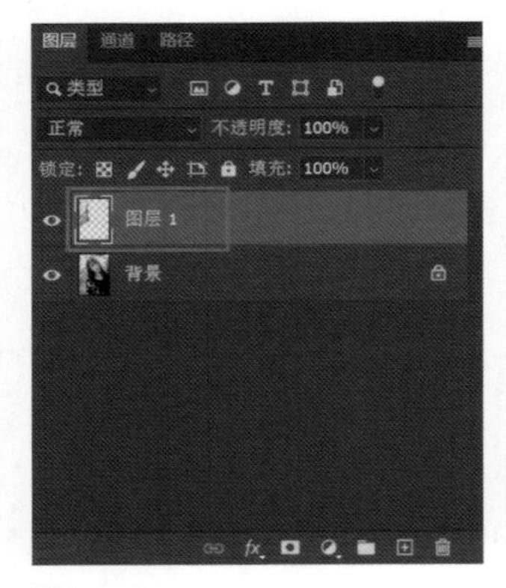

图2-3-3

图2-3-4

按住“Alt”键，单击“添加蒙版”，如图2-3-5所示，创建一个黑色的蒙版。

选择“画笔工具”，前景色选择“白色”，对乱发的位置进行涂抹，如图2-3-6所示。在右上方的乱发位置涂抹，以遮挡住这些乱发。在靠近人物头发的位置，缩小画笔直径，确保精确擦拭。然后，在靠外的位置，可以适当放大画笔直径，使擦拭效果更自然。通过这种遮挡修复方法，我们能快速修掉人物的乱发，令人物的头发变得柔顺。

图2-3-5

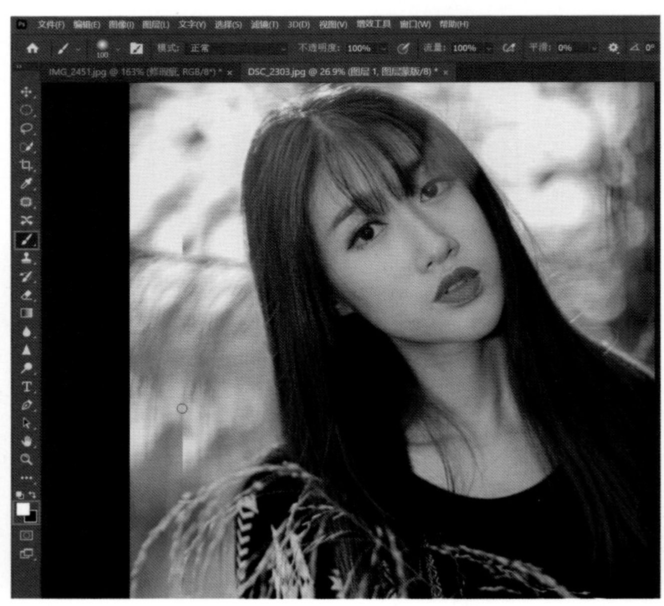

图2-3-6

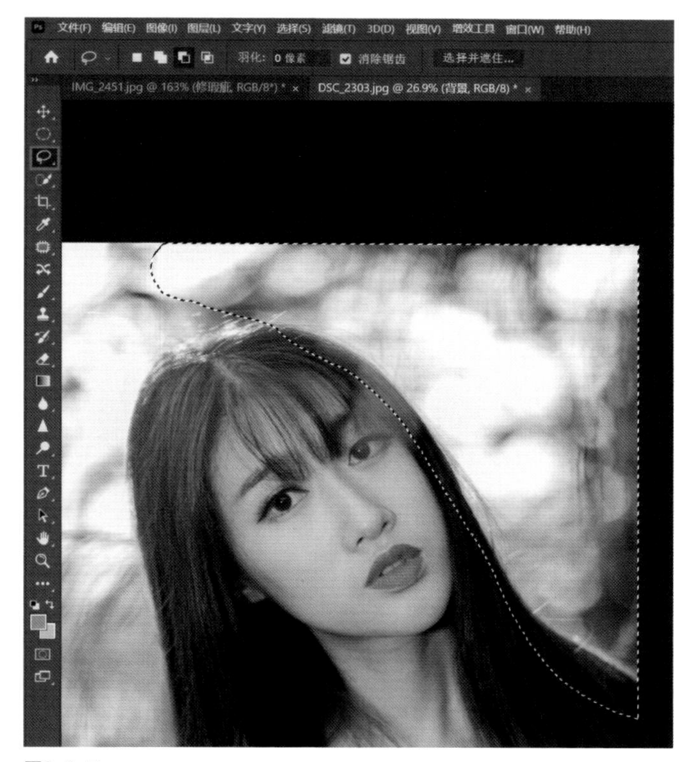

图2-3-7

同样的方法，利用“套索工具”选中画面右侧的乱发，如图2-3-7所示。

按下“Ctrl+J”组合键，将选中的选区创建一个图层，如图2-3-8所示。

图2-3-8

图2-3-9

选择“移动工具”，将选区向左移动，如图2-3-9所示。

按住“Alt”键，单击“添加蒙版”，如图2-3-10所示，添加一层黑色蒙版。

图2-3-10

选择“画笔工具”，前景色选择“白色”，在发丝杂乱的地方进行涂抹，如图2-3-11所示。

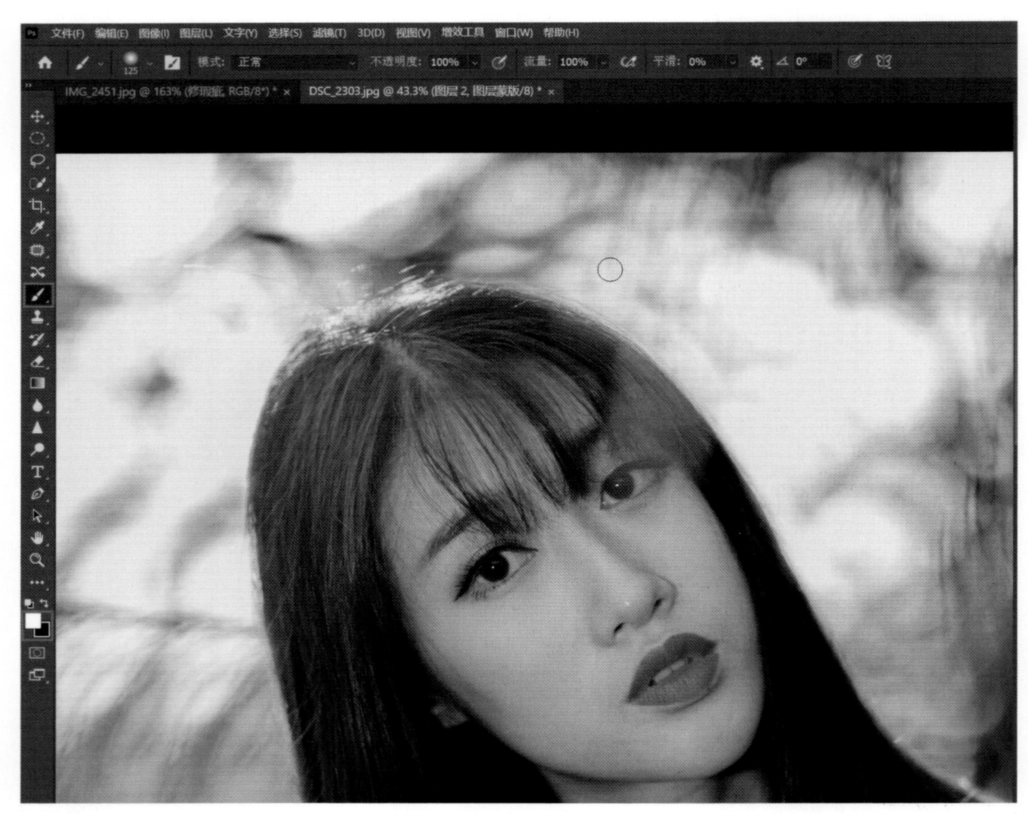

图2-3-11

至于头发表面的一些乱发，处理起来比较简单，可以单击到背景图层，然后使用“污点修复画笔工具”，缩小画笔直径，消除这些乱发。当然，如果乱发比较多，可能需要花费更多时间。通过逐步修复，我们可以让人物的头发变得干净顺滑，整体画面效果也会好很多。

2.4 人像磨皮三大技巧之一：双曲线磨皮

本节我们将学习人像磨皮的三大技巧之一——双曲线磨皮。人像磨皮本质上也是一种影调的调整。对于人像摄影作品来说，人物面部皮肤上有一些荧光面和背光面，还有一些凹凸不平的位置。荧光面亮而背光面暗，导致皮肤不够光滑。经过磨皮，我们可以通过压暗特别亮的位置和提亮特别暗的位置，使皮肤表面显得光滑。因此，这也是一种影调层次的调整。

调整前后的对比效果如图2-4-1和图2-4-2所示。

图2-4-1

图2-4-2

首先，将照片导入Camera Raw滤镜中，如图2-4-3所示。

图2-4-3

在开始磨皮之前，我们首先需要进行一些基础的调整。找到“光学”面板，勾选“删除色差”，如图2-4-4所示，消除人物衣服过曝的区域以及明暗结合边缘的彩边。

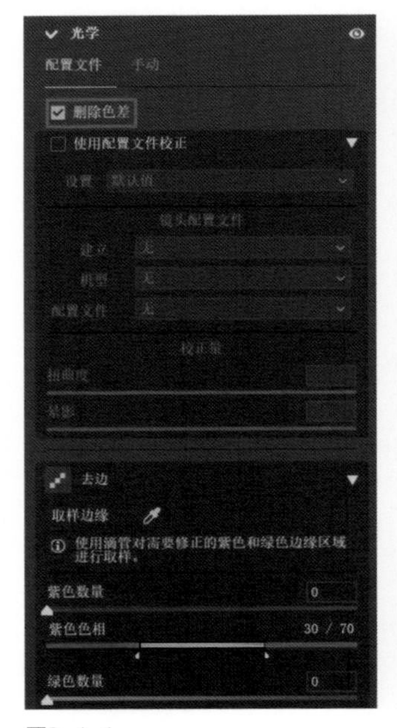

图2-4-4

接着，降低“高光”的值，并稍稍提高“阴影”的值。调整完成后，我们可以稍稍提高“纹理”的值，强化画面的清晰度，如图2-4-5所示。调整完毕之后，单击“打开”，将照片导入Photoshop界面中。

双曲线磨皮是通过创建两条曲线来实现的。一条曲线用于压暗过亮的位置，另一条曲线用于提亮过暗的位置。由于调整是局部的操作，所以需要结合蒙版来控制调整的位置。在调整面板中，单击“创建新的曲线调整图层”，创建一个曲线调整图层，并提亮曲线，如图2-4-6所示。

RW6A0310.CR2 - Canon EOS 5D Mark III
ISO 125
35 毫米
f/1.6
1/800 秒
编辑
自动
黑白
配置文件
Adobe 颜色
基本
白平衡
原照设置
色温
4600
色调
+10
1
曝光
+0.40
对比度
0
高光
-96
阴影
+38
白色
0
黑色
0
2
纹理
+10
清晰度
0
去除薄雾
0
自然饱和度
0
饱和度
0
Adobe RGB (1998) - 16 位 - 3840 x 5760 (22.1MP) - 300 ppi
3
打开
取消
完成

图2-4-5

属性
信息
曲线
预设:
自定
RGB
自动
3
输入: 107
输出: 194
源:
整个图像
平均值: 163.17
标准偏差: 64.56
中间值: 167
像素: 345600
色阶:
数量:
百分位:
高速缓存级别: 4
调整
库
添加调整
1
图层
通道
路径
类型
正常
不透明度: 100%
锁定:
填充: 100%
曲线 1
2
背景

图2-4-6

按下快捷键“Ctrl+I”，创建反向蒙版，如图2-4-7所示。

图2-4-7

双击图层名称并将其命名为“提亮”，如图2-4-8所示。

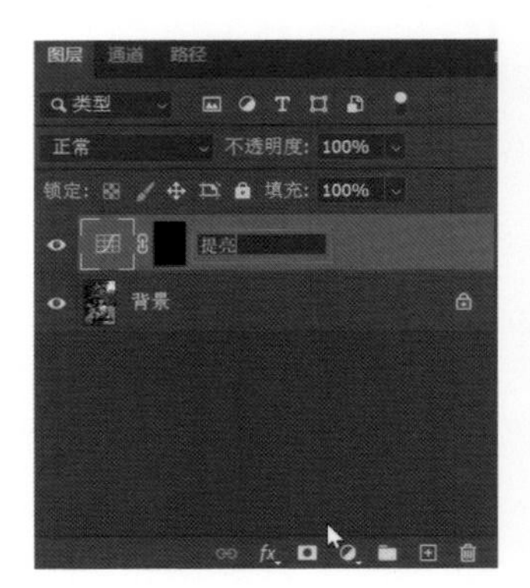

图2-4-8

再次单击“创建新的曲线调整图层”，如图2-4-9所示，创建一个曲线调整图层，并压暗曲线。

按下快捷键“Ctrl+I”，创建反向蒙版，如图2-4-10所示。

属性 信息
曲线
预设: 自定
RGB
自动
输入: 152 输出: 75
源: 整个图像
平均值: 99.04
标准偏差: 56.77
中间值: 88
像素: 345600
色阶:
数量:
百分位:
高速缓存级别: 4
调整 库
添加调整
图层 通道 路径
类型
正常
不透明度: 100%
锁定:
填充: 100%
曲线 1
提亮
背景

图2-4-9

属性 信息
曲线
预设: 自定
RGB
自动
输入: 152 输出: 75
源: 整个图像
平均值: 43.73
标准偏差: 54.40
中间值: 21
像素: 345600
色阶:
数量:
百分位:
高速缓存级别: 4
调整 库
添加调整
图层 通道 路径
类型
正常
不透明度: 100%
锁定:
填充: 100%
曲线 1
提亮
背景

图2-4-10

将曲线图层名称改为“压暗”，如图2-4-11所示。

单击“创建新的填充或调整图层”，选择“黑白”，如图2-4-12所示。

再次建立一个曲线调整图层，如图2-4-13所示。

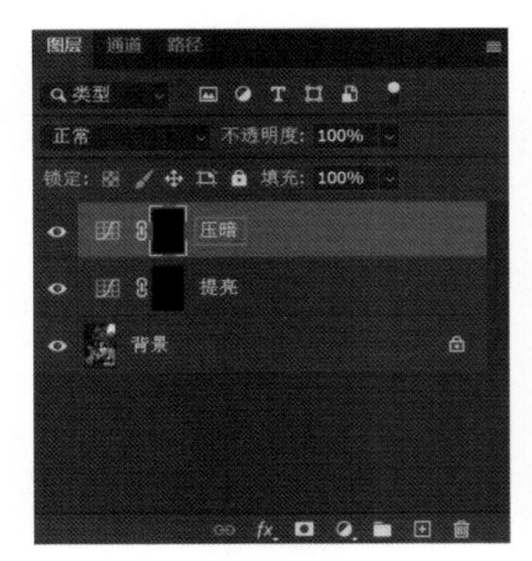

图2-4-11

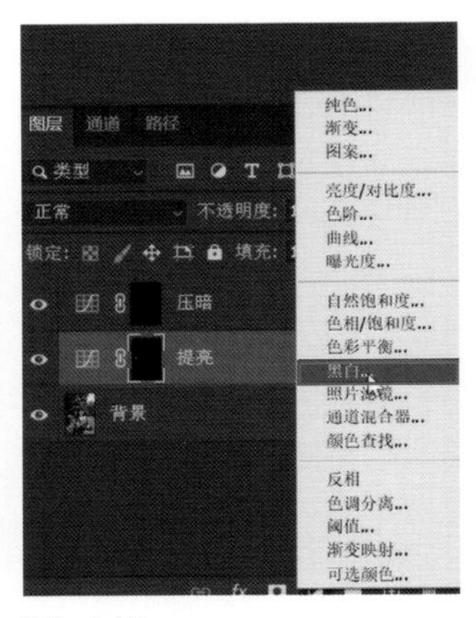

图2-4-12

图2-4-13

选中新建的曲线图层和黑白图层，按下快捷键“Ctrl+G”，将这两个图层放在一个组里，并命名为“观察层”。同样地，将“压暗”和“提亮”图层也放到一个组里，并命名为“双曲线磨皮”，如图2-4-14所示。

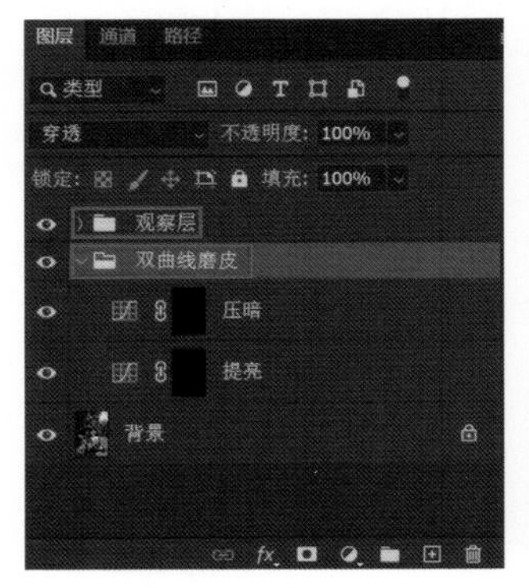

图2-4-14

选中“提亮”图层，选择“画笔工具”，前景色选择“白色”，调整画笔的大小，调整“不透明度”和“流量”，如图2-4-15所示，对人物面部暗沉的地方进行修饰。同样，选中“压暗”图层，对人物面部暗沉的地方进行修饰。需要注意的是，频繁对特定位置进行提亮或压暗会改变肤色，因此在双曲线磨皮之后，可能需要对人物的皮肤进行肤色的统一等处理。

最后，我们可以对比原图和效果图，观察磨皮前后的差异。关掉观察图层，因为它不会影响最终的调整效果。

图2-4-15

2.5 人像磨皮三大技巧之二：中性灰磨皮

本节我们一起来学习第二种人像磨皮的技巧——中性灰磨皮。在人像摄影中，无论是一般的人像写真还是专业的商业人像摄影，掌握双曲线磨皮和中性灰磨皮基本上就足够了。商业人像摄影的磨皮要求更细致、更严谨一些，而一般的人像写真磨皮可能没有那么严格，这也是两者的差别。至于双曲线磨皮和中性灰磨皮的差别，看个人习惯，它们本质没什么不同，都是压暗人物皮肤表面过亮的位置，提亮过暗的位置。掌握了双曲线磨皮，再学习中性灰磨皮就会比较简单。调整前后的对比效果如图2-5-1和图2-5-2所示。

图2-5-1

图2-5-2

首先，将照片导入Camera Raw滤镜中，照片存在严重的过曝区域。降低“高光”值，提亮“阴影”值，提高“纹理”值，如图2-5-3所示。

图2-5-3

在“光学”面板中勾选“删除色差”，如图2-5-4所示。完成对照片的初步优化后，单击“打开”，将照片导入Photoshop界面中，如图2-5-5所示。

Camera Raw 15.3
RW6A0304.CR2 - Canon EOS 5D Mark III
光学
删除色差
去边
打开
取消
完成

图2-5-4

RW6A0304.CR2 @ 25%(RGB/16*)
直方图
调整
添加调整
图层
背景

图2-5-5

按下“Ctrl+J”组合键复制一个图层，双击图层修改其命名，如图2-5-6所示。

接下来，我们建立中性灰磨皮图层，单击“图层”菜单，选择“新建”，选择“图层”，如图2-5-7所示。

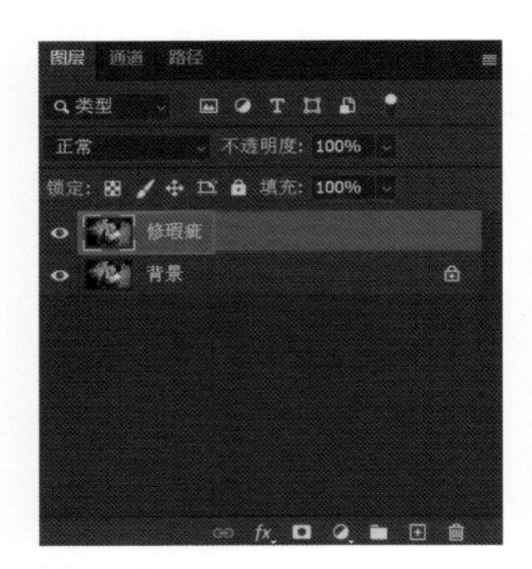

图2-5-6

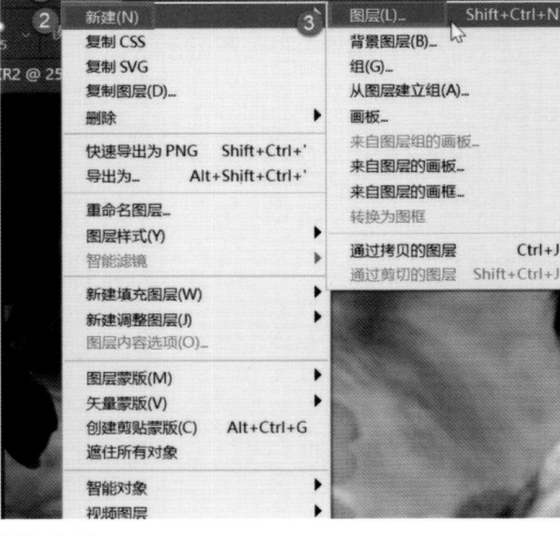

图2-5-7

在弹出的“新建图层”对话框中，模式选择“柔光”，勾选“填充柔光中性色”选项，然后单击“确定”，如图2-5-8所示。

同样，双击图层修改图层命名，如图2-5-9所示。

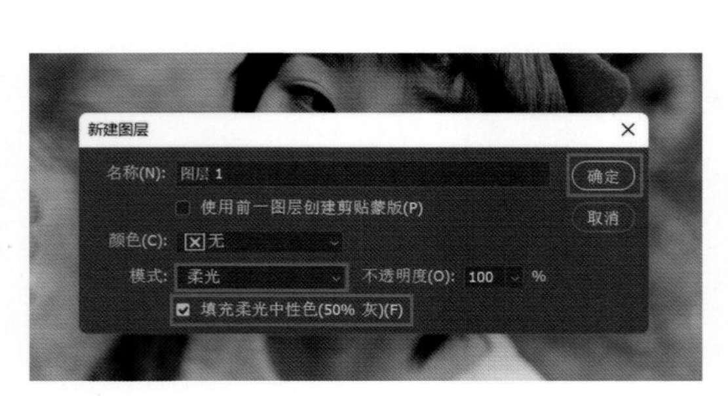

图2-5-8

图2-5-9

将照片转换为黑白状态的目的是为了更好地观察人物皮肤表面的细节。首先，我们要创建一个黑白调整图层，然后再创建一个曲线调整图层。在“图层”面板中，单击“创建新的填充/调整图层”，创建“黑白”图层。在调整面板中，单击“创建新的曲线调整图层”，压暗曲线，如图2-5-10所示。

选中“修瑕疵”图层，选择“污点修复画笔工具”，前景色选择“白色”，调整污点修复画笔的大小，对人物面部暗沉的地方进行涂抹，如图2-5-11所示。

图2-5-10

图2-5-11

在进行中性灰磨皮图层的操作时，我们可以使用白色画笔进行涂抹来提亮暗部，而使用黑色画笔进行涂抹来压暗亮部。为了方便操作，在磨皮过程中，需要时刻保持英文输入法状态，并按住键盘上的“X”键来交换前景色和背景色。首先，我们要放大画笔直径，然后在过暗的位置使用稍低不透明度（10%）的画笔来进行涂抹，注意要随时调整画笔直径的大小以适应不同位置的调整。接着，我们可以交换前景色和背景色，然后在过亮的位置使用同样的方法进行涂抹，如图2-5-12所示。当然，现在的磨皮效果是一般人像写真的水平，如果是专业的商业人像摄影作品，对磨皮效果的精度和要求会更高，可能需要耗费更多时间。但是原理和方法都是一样的。

图2-5-12

2.6 人像磨皮三大技法之三：高低频磨皮

本节我们将讲解简化版的高低频磨皮。之所以称为简化版，是因为我们只需要在一个图层上进行操作，而不需要再在三个图层上操作，也不需要再建立高频和低频的图层，只需要复制一个图层，所有的操作都是在这个图层上进行，并且可以快速得到比较理想的效果。

通过高低频磨皮，可以快速修复粗糙的人物皮肤，同时还可以修复人物衣服和背景中一些细微的褶皱等问题。这样可以快速提升照片的画质，使人物的皮肤显得更加平滑细腻。下面我们将通过具体的案例照来进行讲解。

将照片导入Photoshop界面中，利用快捷键“Ctrl+J”创建一个新图层，按住“Ctrl+I”组合键对上面的图层进行反相，然后将混合模式改为“线性光”，如图2-6-1所示。

图2-6-1

单击“滤镜”菜单，选择“其他”，选择“高反差保留”，如图2-6-2所示。在Photoshop中，高反差保留滤镜可以突出图像中的高频细节，如边缘线条、纹理等。通过增加细节的对比度和清晰度，可以使图像更加锐利和详细。高反差保留滤镜也可以模糊图像中的低频部分，如皮肤、背景等平面区域。这样可以实现磨皮效果，使人物皮肤看起来更加光滑，同时保留细微的纹理。通过高反差保留滤镜的使用，可以快速实现对人物照片的美容磨皮效果。它可以减少肌肤瑕疵和皱纹，平滑肤色，使皮肤看起来更加细腻和年轻。除了用于磨皮处理，高反差保留滤镜还可以增强图像的纹理效果。它可以提升纹理的细节和对比度，例如增加砖墙的纹理清晰度或使羽毛更具立体感。

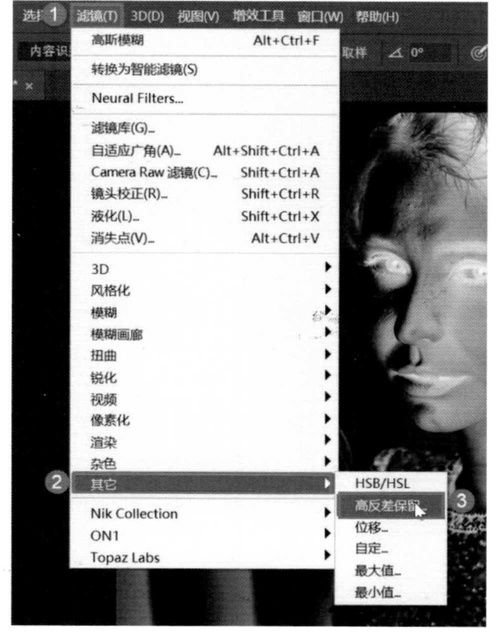

图2-6-2

在弹出的“高反差保留”对话框中，调整半径，如图2-6-3所示，调整完毕之后单击“确定”。

单击“滤镜”菜单，选择“模糊”，选择“高斯模糊”，如图2-6-4所示。高斯模糊是一种常用的图像处理方法，它通过模糊图像来减少图像的细节和噪点，并实现一些特定的效果。

图2-6-3

图2-6-4

在弹出的“高斯模糊”对话框中，调整半径的值，如图2-6-5所示。

按住键盘上的“Alt”键，单击“添加蒙版”，创建一个黑色蒙版，如图2-6-6所示。

图2-6-5

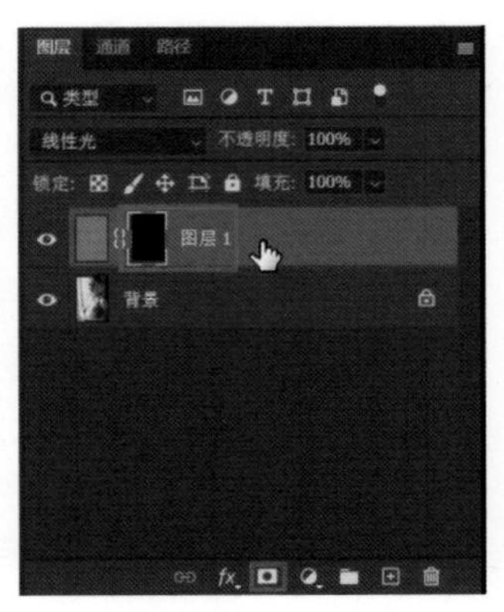

图2-6-6

选择“画笔工具”，前景色选择“白色”，调整画笔的大小，设置“不透明度”和“流量”，对人物的面部进行调整，如图2-6-7所示。

图2-6-7

需要注意的是，尽管磨皮处理改善了整体效果，但仍存在一些问题，例如人物额头上的明暗不均。这类问题不能通过磨皮解决，而需要进行结构性调整。最后，我们可以使用“修复画笔工具”等方法擦除明显的皱纹。通过以上步骤，我们就完成了这张照片的后期处理。

2.7 Neural Filter神经滤镜磨皮

本节我们将介绍如何使用Photoshop自带的AI功能——Neural Filters（神经滤镜）进行磨皮。

Neural Filter利用人工智能技术来对图像进行处理和优化。它提供了多种滤镜选项，可以应用于不同类型的图像，包括人像、风景和艺术作品等。通过Neural Filter可以实现自动磨皮效果，去除皮肤上的瑕疵和痘痘，使人物的肌肤看起来更加柔滑细腻。Neural Filter可以将一张图像的风格应用到另一张图像上，例如将一幅油画的风格应用到一张照片上，创造出独特的艺术效果。通过Neural Filter还可以实现虚化背景的效果，突出人物或物体，使其更加突出。Neural Filter可以控制人物的面部表情，例如调整微笑的程度、眼睛的方向和开合程度等。还可以增强图像的色彩饱和度和对比度，使图像更加鲜艳动人。本节我们将主要学习Neural Filters的磨皮功能。

Neural Filters中的磨皮功能主要用于改善人像照片中人物的肤色和肤质，使肌肤看起来更加光滑、柔和和细腻。磨皮功能可以自动识别并去除人物面部的瑕疵，例如痘痘、黑头、斑点等。它能够平滑皮肤的表面，消除瑕疵，让肤色更加均匀，减少细纹和皱纹的出现，从而改善肤质。Neural Filters的磨皮功能还可以调整肤色，增强肌肤的饱和度和亮度。它可以改善暗沉的肤色，让肌肤看起来更加明亮、健康和有活力。磨皮功能可以平滑肌肤纹理，去除肌肤上的粗糙和不均匀之处，使肤质更加细腻、柔和和一致。它可以减少毛孔的显现，使肌肤看起来更加平滑。调整前后的对比效果如图2-7-1和图2-7-2所示。

图2-7-1

图2-7-2

首先，将照片导入Photoshop界面中，单击“滤镜”菜单，选择“Neural Filters”，如图2-7-3所示。

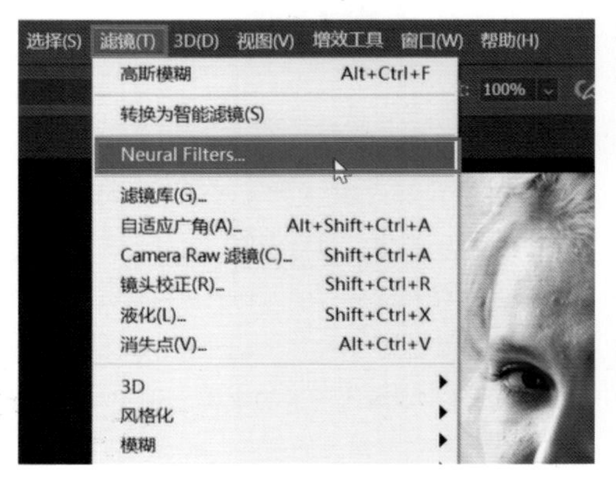

图2-7-3

进入Neural Filters界面，如图2-7-4所示。

打开人像照片后，软件会自动检测到人物的面部并绘制一个边框。我们可以使用鼠标滚轮来放大照片，以更仔细地观察人物面部皮肤的细节。在右侧的Neural Filters列表中有多个选项，我们应该关注皮肤平滑度功能。在右侧面板中，我们可以看到软件已经自动选中了人物的面部。请注意，如果照片中有多个人物，软件可能会同时选中多个人物的面部，也可能会漏掉某些人物的面部，这是正常的情况。对于当前的照片，软件已经正确地选择了人物的面部。打开“皮肤平滑度”，调整“模糊”和“平滑度”，如图2-7-5所示，调整完毕之后单击“确定”即可。

图2-7-4

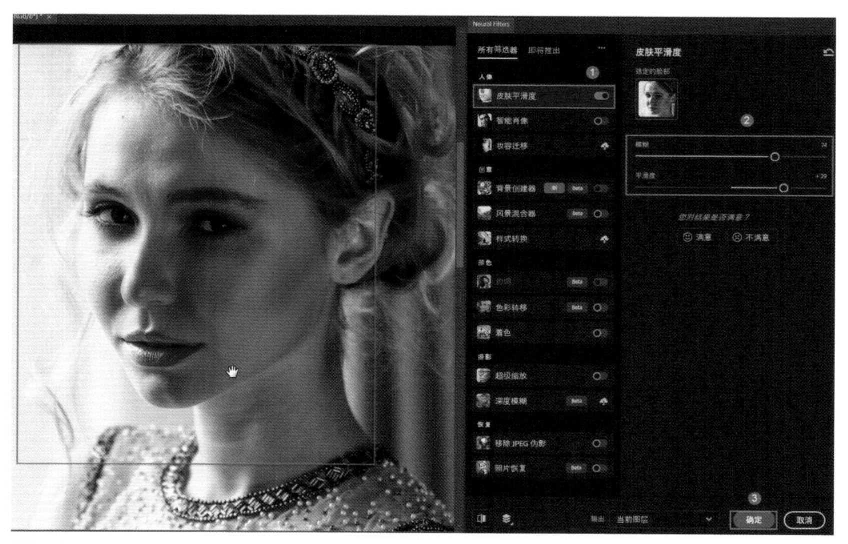

图2-7-5

使用Neural Filters进行磨皮有明显的优势，它可以实现一键操作并获得理想的效果。然而，它也有一些明显的缺点，例如只对人物的面部皮肤进行磨皮，而忽略了胳膊、脖子等区域，这是它的局限性。不过总体而言，对于一些要求不太高的人像写真作品来说，我们可以直接使用该功能以获得更好的人物肤色和肤质效果。

2.8 重塑人物面部光影结构

本节我们将重点介绍人物面部光影结构的调整。所谓光影结构重塑，是指对人物面部的明暗关系进行整体的调整，以使其更加合理。与磨皮调整不同，光影结构调整是对整体明暗关系进行大范围的调整，而不是微观的皮肤质感调整。以当前的人像照片为例，尽管皮肤已经光滑，但仍然存在一些问题。比如，人物鼻中线位置的高光区域过宽，显得过于刺眼；光照面亮度不够，而受光面左侧区域亮度过高。这些问题需要通过结构调整来改善，以使人物面部的光影关系更加合理，从而呈现出立体而优雅的效果。调整前后的对比效果如图2-8-1和图2-8-2所示。

图2-8-1

图2-8-2

单击“图层”菜单，选择“新建”，选择“图层”，如图2-8-3所示。

在弹出的“新建图层”对话框中，模式选择“柔光”，勾选“填充柔光中性色”，如图2-8-4所示，然后单击“确定”。

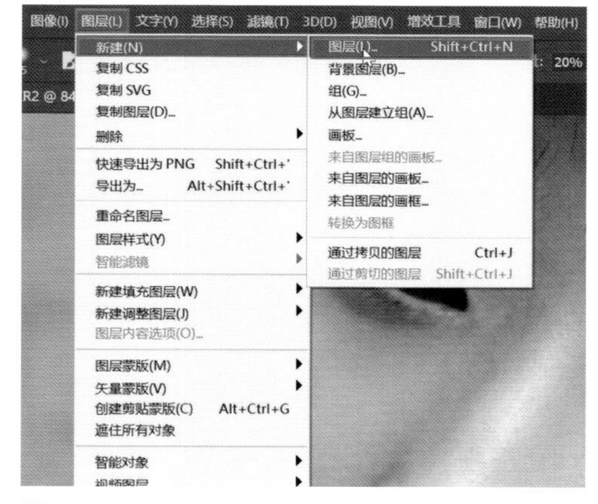

图2-8-3

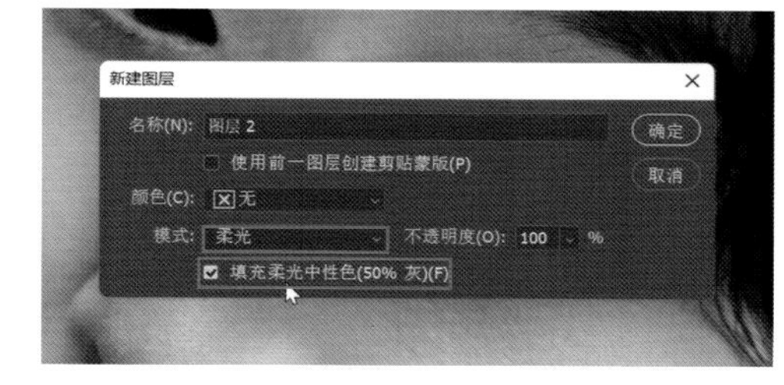

图2-8-4

双击图层并将其命名为“结构调整”，如图2-8-5所示。

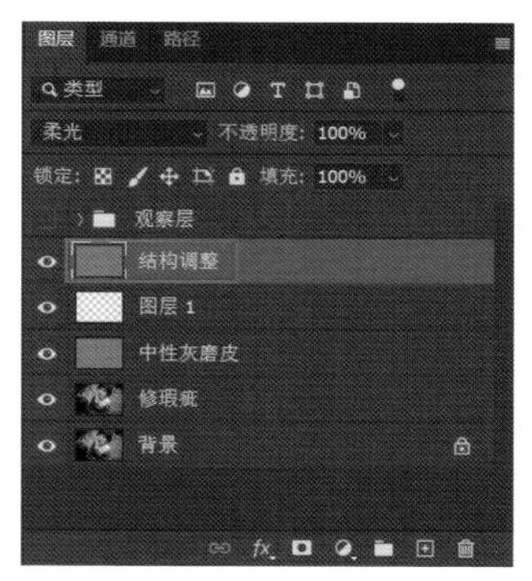

图2-8-5

接下来，我们需要使用“画笔工具”进行操作。首先，在高光部分使用白色来进行涂抹提亮，对左侧稍暗的区域使用黑色进行涂抹来压暗。这样可以实时对比光影关系的变化，并通过调整鼻中线位置、背光面和受光面等来优化人物面部的光影结构。在进行光影重塑时，还需要适当调整人物五官的特征，如嘴唇的边线。可以调整画笔的直径，对不清晰的地方进行更精细的调整，使边线更加清晰。同时，还可以针对睫毛、眉毛等局部进行特定的调整。

选择“画笔工具”，前景色选择“白色”，调整“画笔工具”的大小，调整画笔的“不透明度”和“流量”，对人物面部的高光部分进行调整，如图2-8-6所示。

我们需要将前景色调整为“黑色”，对人物面部的阴影部分进行调整，如图2-8-7所示。

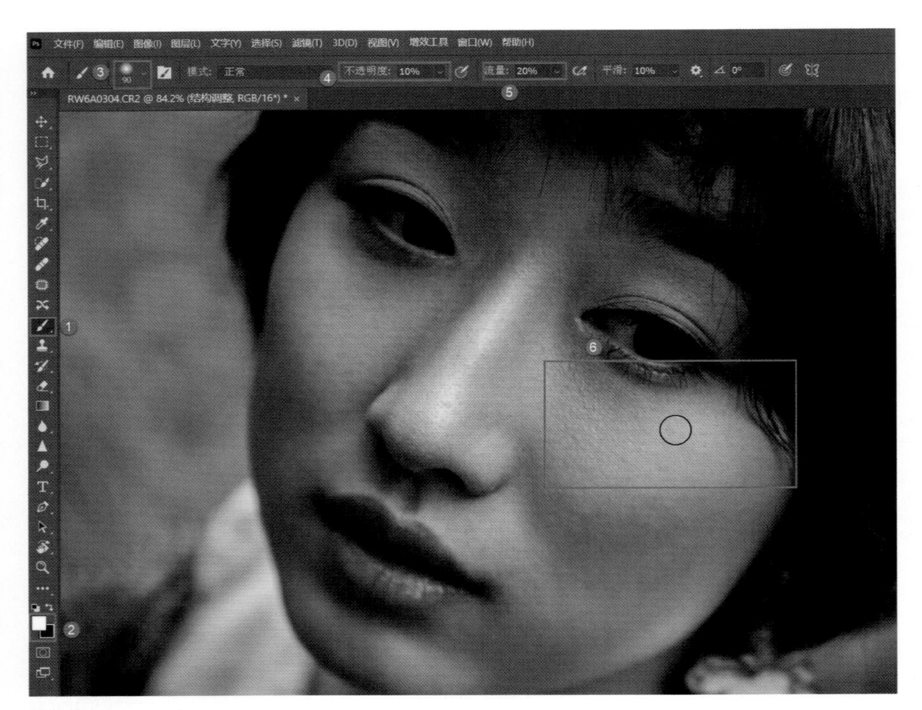
文件(F) 编辑(E) 图像(I) 图层(L) 文字(Y) 选择(S) 滤镜(T) 3D(D) 视图(V) 增效工具 窗口(W) 帮助(H)
模式: 正常
不透明度: 10%
流量: 20%
平滑: 10%
0°
RW6A0304.CR2 @ 84.2% (结构调整, RGB/16*) *
1
2
3
4
5
6

图2-8-6

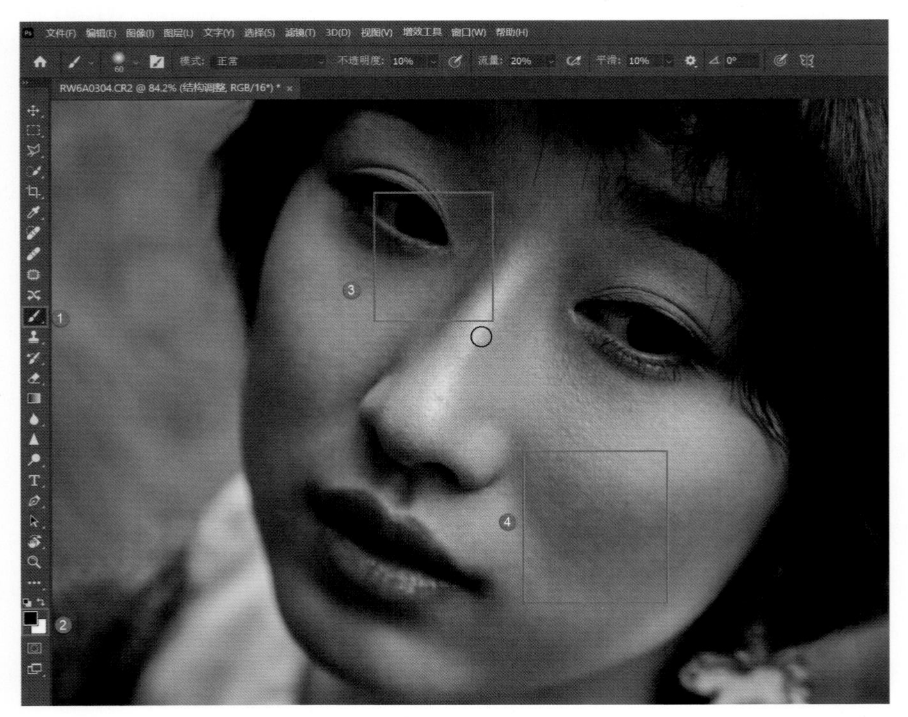
文件(F) 编辑(E) 图像(I) 图层(L) 文字(Y) 选择(S) 滤镜(T) 3D(D) 视图(V) 增效工具 窗口(W) 帮助(H)
模式: 正常
不透明度: 10%
流量: 20%
平滑: 10%
0°
RW6A0304.CR2 @ 84.2% (结构调整, RGB/16*) *
1
2
3
4

图2-8-7

对于人物的发丝，我们可以选择“污点修复画笔工具”，对人物的头发进行调整，如图2-8-8所示。

图2-8-8

通过一层层地调整，最终使人像照片的表现力非常好。最后我们可以对比结构调整前后的变化，隐藏结构调整图层，观察人物面部光影的合理性。

综上所述，本节主要讲解了如何使用磨皮技巧来重塑人物面部的光影结构，使其更加合理。结合之前的磨皮处理，对人物的皮肤和面部部分进行优化。

2.9 人像照片的饱和度检查与协调

本节我们将要学习如何检查和处理人像照片的色彩饱和度。照片的明暗可以通过直方图准确呈现，但色彩又该如何衡量呢？实际上，我们可以通过可选颜色与饱和度的组合来准确地检查和调整照片的色彩饱和度。这是一个非常实用的技巧，希望对大家有所帮助。

下面我们结合具体的案例来看。在图2-9-1所示的这张照片中，我们能够感觉到，这张照片的色彩饱和度过高。但是这些色彩特别不容易选择，比如黄色的饱和度较高，如果调整黄色的饱和度，那么背景中一些物体的饱和度也会产生变化。如果再次调整这些区域的饱和度，画面就会严重失真。其他色彩也是同样的情况。因此，我们的目的是只选择饱和度较高的区域，我们要将饱和度过高的部分选择出来单独进行调整。调整前后的对比效果如图2-9-1和图2-9-2所示。

图2-9-1

图2-9-2

在“图层”面板中，单击“创建新的填充或调整图层”，选择“可选颜色”，如图2-9-3所示。

颜色选择“红色”，将“黑色”的值降到最低，如图2-9-4所示。

颜色选择“黄色”，将“黑色”的值降到最低，如图2-9-5所示。

图2-9-3

图2-9-4

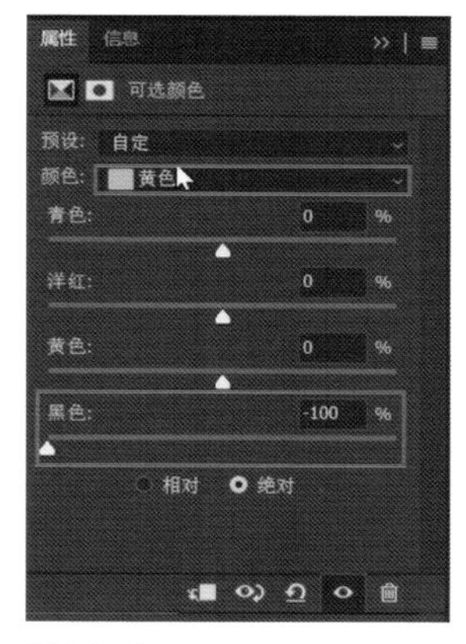

图2-9-5

同样，对“绿色”“青色”“蓝色”和“洋红”也分别进行调整，如图2-9-6所示，都需要将“黑色”的值降到最低。

颜色选择“白色”，将“黑色”的值调整到最高，如图2-9-7所示。

图2-9-6

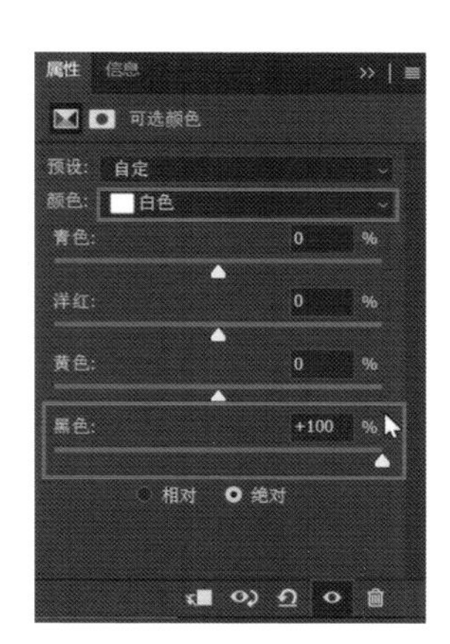

图2-9-7

对“中性色”和“黑色”进行调整，将“黑色”的值调整至最高，调整之后的效果如图2-9-8所示。

图2-9-8

按住键盘上的“Ctrl+Alt+2”组合键，为高光区域建立选区，如图2-9-9所示。

单击“创建新的填充或调整图层”，选择“色相/饱和度”，如图2-9-10所示。

图2-9-9

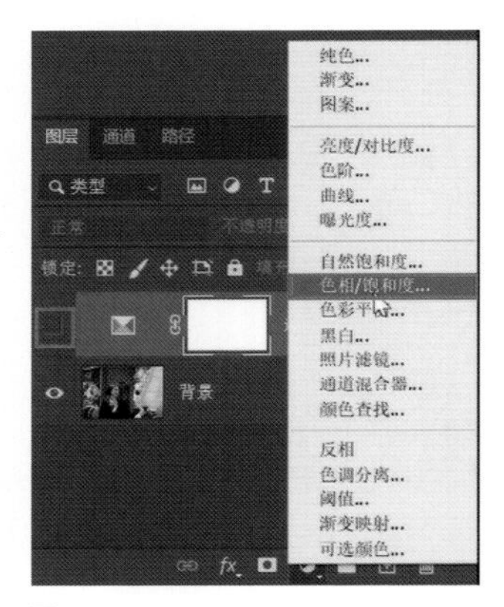

图2-9-10

对饱和度进行调整，降低“饱和度”的值，如图2-9-11所示。

以上就是关于色彩饱和度检查与处理的整个过程。最关键的环节就是借助可选颜色来查找照片中饱和度过高的位置，操作非常简单，即将色彩通道中的“黑色”值降到最低，五彩色通道中的“黑色”值提到最高，并对每张照片的色彩检查都进行同样的操作。

图2-9-11

2.10 统一人物肤色的技巧

本节我们将讲解如何借助色相/饱和度功能来统一人物肤色的技巧。在人像摄影后期处理中，我们通常会使用瑕疵修复和皮肤磨皮等技术，以获得皮肤干净光滑的效果。然而，在进行磨皮处理后，我们可能会发现人物的皮肤出现了色彩不协调的问题，主要体现在一些位置偏黄或偏红。这样会使得人物的皮肤显得不够干净。为了解决这个问题，我们可以借助色相/饱和度功能来实现人物面部皮肤色彩的统一，从而获得更好的画面效果。调整前后的对比效果如图2-10-1和图2-10-2所示。

图2-10-1

图2-10-2

首先，创建“色相/饱和度”调整图层，如图2-10-3所示。

图2-10-3

颜色选择“黄色”，调整色相，具体的调整方法是向左拖动“色相”滑块，观察色条可以确定调整的方向，如图2-10-4所示。

接下来，选择“红色”通道进行调整，使红色与黄色更好地协调。同样地，观察色条可以确定向左或向右拖动红色滑块的方向，如图2-10-5所示。通过这样简单的两步调整，我们就可以实现人物肤色的统一，使人物的皮肤看起来更干净。

属性 信息
色相/饱和度
预设: 自定
黄色
色相: -13
饱和度: 0
明度: 0
着色
15° / 45° 75° \ 105°

图2-10-4

属性 信息
色相/饱和度
预设: 自定
红色
色相: +3
饱和度: 0
明度: 0
着色
315° / 345° 15° \ 45°

图2-10-5

在调整完成后，使用“画笔工具”将调整应用于人物面部，以恢复原有的肤色。选择“画笔工具”，前景色选择“白色”，如图2-10-6所示。

如果需要使画面看起来更自然一些，我们还可以适当降低“色相/饱和度”调整图层的“不透明度”，如图2-10-7所示。

图2-10-6

需要注意的是，在进行人物肤色统一时，主要借助“色相/饱和度”调整图层，并且只需调整红色与黄色通道即可实现肤色统一的效果。

图2-10-7

2.11 对人物皮肤丢色的位置进行补色

在之前的内容中，我们已经学习了关于人像照片饱和度检查的技巧。通过检查照片中饱和度过高的区域，并将其饱和度降低，可以使画面的色彩更加协调。然而，除了这些基本知识外，还有一个非常重要的内容需要注意。

在进行饱和度检查时，高光区域通常是饱和度过高的位置，而较暗的区域则可能是饱和度过低的区域。特别是对于人物肤色来说，如果某些区域的饱和度过低，提高饱和度很难获得正常的肤色效果，这时就需要进行补色处理。因此，在修复人物肤色时，不仅要降低过高的饱和度，还需要补充过低的饱和度，以获得自然而均衡的肤色效果。下面我们通过具体的案例来进行讲解。

首先，将照片导入Photoshop中，如图2-11-1所示。

图2-11-1

直接创建“可选颜色”调整图层，如图2-11-2所示。

然后，进行饱和度检查。在检查过程中，将各种彩色通道中的“黑色”值降至最低，如图2-11-3所示。调整完毕之后的效果如图2-11-4所示。

图2-11-2

图2-11-3

图2-11-4

将3种无彩色通道中的“黑色”值提至最高，如图2-11-5所示。

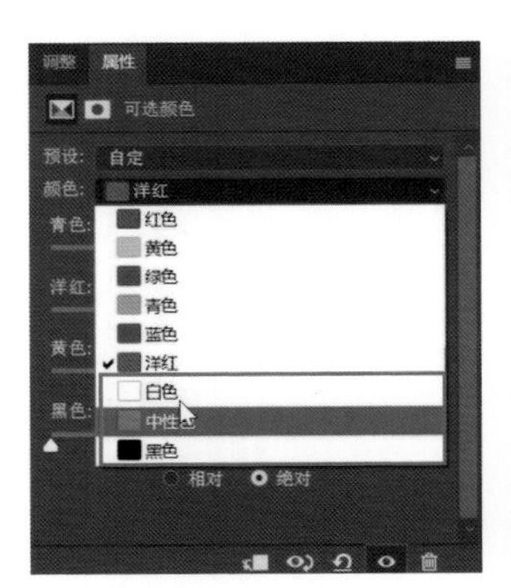

图2-11-5

调整完毕之后的效果如图2-11-6所示。此时观察照片画面，我们会发现背景和人物肤色中都存在一些发黑的区域，表示这些区域丢失了一部分色彩信息。

在进行补色处理时，对于背景中的丢色区域，我们可以忽略不计。但是对于人物肤色上的丢色区域，我们需要进行补色处理。具体操作如下，首先，隐藏选取颜色的蒙版图层，然后单击图层面板右下角的“创建新图层”，在上方创建一个空白图层。接着，选择“吸管工具”，在丢色位置周围有正常肤色的区域单击取色，将前景色设为“正常肤色”，如图2-11-7所示。

图2-11-6

图2-11-7

选择“画笔工具”，使用画笔工具在丢色的位置上涂抹，可以看到丢色的部分被补上了颜色，如图2-11-8所示。

然而，补上的颜色可能会产生明显的失真。这时，我们可以将空白图层的“混合模式”改为“颜色”。通过这种方式，可以有效修复人物眼袋部分，使其色彩看起来更加自然。通过对比补色前后的效果，可以明显看出补色后的效果更为自然，如图2-11-9所示。

图2-11-8

图2-11-9

同样地，对于嘴唇位置的丢色区域，我们可以使用“吸管工具”在周围取样正常的色彩，并创建一个新的空白图层进行补色，如图2-11-10所示。需要注意的是，不要将两次补色放在同一个空白图层上，这样会使调整变得困难。

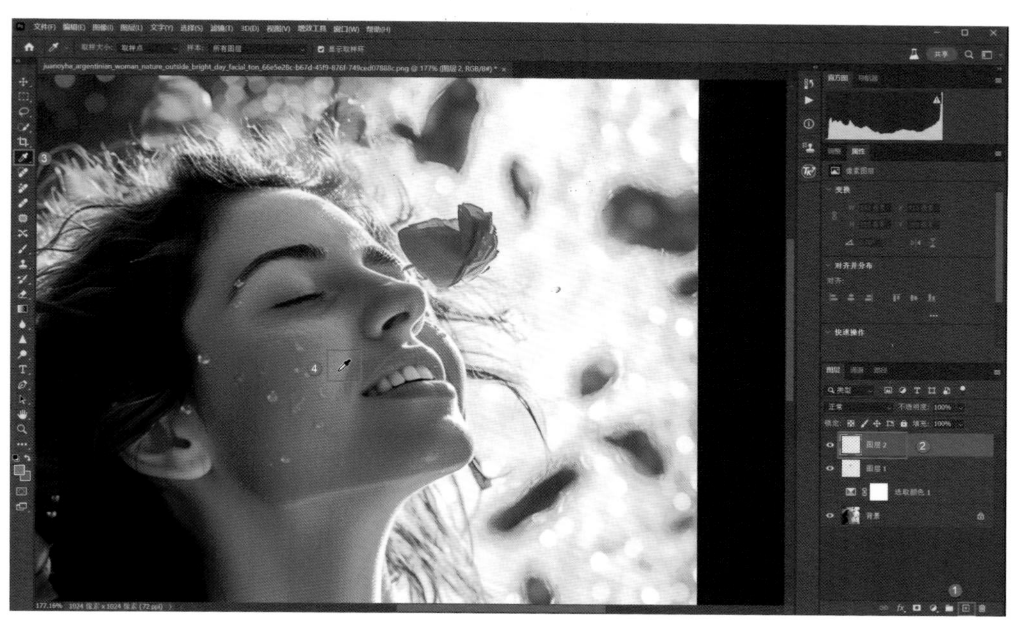

图2-11-10

创建空白图层后，选择“画笔工具”，在丢色的区域上进行涂抹，如图2-11-11所示。

图2-11-11

将图层的“混合模式”改为“颜色”。如果补色效果过于强烈，可以适当降低图层的“不透明度”，如图2-11-12所示，以使补色效果更加自然。

图2-11-12

总结起来，补色的本质是在丢失色彩的位置上直接涂抹正常的颜色，并通过“混合模式”将上方的颜色与下方的颜色融合在一起，以修复丢失色彩的效果。同时，应用“颜色混合模式”能够使补色区域与原始纹理很好地融合在一起。

CHAPTER 3

第3章 纪实摄影后期处理技巧

纪实摄影后期相对比较简单，涉及的后期技术并不多，主要包括以下几种：降低饱和度；突出故事情节；强化画面质感等。本章将介绍纪实摄影后期的一般思路以及具体的处理过程。

3.1 纪实摄影后期处理的要点

在介绍具体的后期处理技术之前，我们先介绍纪实摄影后期处理的几个要点。

突出故事情节

首先，对于纪实摄影作品的后期处理，我们应该想尽一切办法突出画面的故事情节，突出故事情节的方式有很多，包括压暗四周景物，突出主体人物或是画面的故事情节；也有可能是降低其他景物的饱和度，来突出主体人物；还有可能是单独提亮以及强化主体人物及故事情节，如图3-1-1所示。

图3-1-1

低饱和度

纪实摄影作品往往都有相对较低的饱和度，这是因为要避免场景当中一些杂乱的景物颜色干扰到主体的表现力，削弱事件的表现力。有时我们甚至会直接将画面处理为黑白照片，这更有助于表现画面冲突，如图3-1-2所示。

图3-1-2

后期技术与内容要协调

对纪实摄影作品进行后期处理时，后期的痕迹一般不要太重，不会涉及照片合成，此外还要注意一点，后期技术的手法要与所表现的主题契合起来。比如说，如图3-1-3所示为吐鲁番地区招待客人的一个场景，画面只采用了非常简单的后期技术对其进行修饰，保留了原有的光影以及色彩，这样就将具有民族特色的人物服饰、场景等都很好地表现了出来，如果采用低饱和度或黑白照等手法进行呈现，那么地域特色就无法很好地呈现出来，也就是说，我们采用的后期技术要与画面的主题相协调。

图3-1-3

再来看下面这张照片，采用低饱和度添加杂色的后期技术来强化画面，突出了画面的质感，让画面有一种怀旧复古的韵味，从而表现出钢铁工人风雨无阻的奋斗精神，如图3-1-4所示。

图3-1-4

3.2 打造黑白纪实画面

本节我们将学习制作黑白纪实照片的技巧，重点有两个。首先是利用黑白调整功能提亮人物肤色并协调其他色彩的明暗，以达到整体画面更理想、更干净的效果。其次是通过曲线调整图层来压暗或提亮局部，突出重点。调整前后的对比效果如图3-2-1和图3-2-2所示。

图3-2-1

图3-2-2

首先，将照片导入Photoshop界面中，如图3-2-3所示。

图3-2-3

画面的色彩感很浓重，为了将其处理成黑白效果，单击“调整”面板中的“黑白”选项，如图3-2-4所示。

图3-2-4

此时，照片变成了黑白状态，但是画面的明暗关系不合理。例如，人物的鞋子和远处的人物亮度非常高，而画面中间的几个人物，特别是面部，亮度不够。针对这种情况，我们可以通过调整黑白调整面板中的不同色彩，改变照片的明暗关系。在黑白调整面板中，每种色彩对应着彩色照片中的某种颜色。通过向右拖动“黄色”“红色”等色彩，可以提亮这些颜色在照片中的像素，从而改变明暗关系。人物肤色主要由橙色构成，虽然橙色在调色板中没有对应的选项，但我们可以调整红色和黄色的明亮度来提亮橙色部分，如图3-2-5所示。除了人物肤色外，其他颜色如人物的牛仔裤，可以通过降低“蓝色”和“青色”的明亮度来降低亮度。根据照片的具体情况，可以适当调整不同颜色的明暗度，以达到理想的效果。

图3-2-5

创建新的“曲线调整图层”，压暗曲线，如图3-2-6所示。

利用快捷键“Ctrl+I”，对蒙版进行反相，如图3-2-7所示。

图3-2-6

图3-2-7

接下来，可以使用“画笔工具”，将前景色设置为“白色”，对环境部分进行涂抹。在此之前可以借助Photoshop的AI选择功能快速选择人物，并保护人物区域，再涂抹其他区域，以提高效率。单击“选择”菜单，选择“主体”，如图3-2-8所示，将人物主体进行选中，如图3-2-9所示。

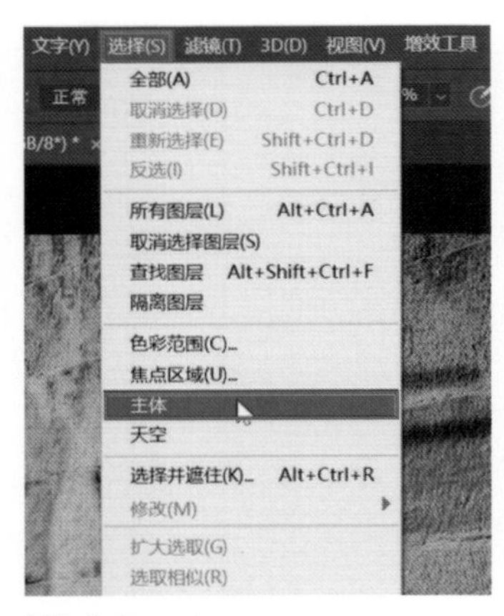

图3-2-8

图3-2-9

再次单击“选择”，选择“反选”，如图3-2-10所示。

反选之后的效果图如图3-2-11所示。

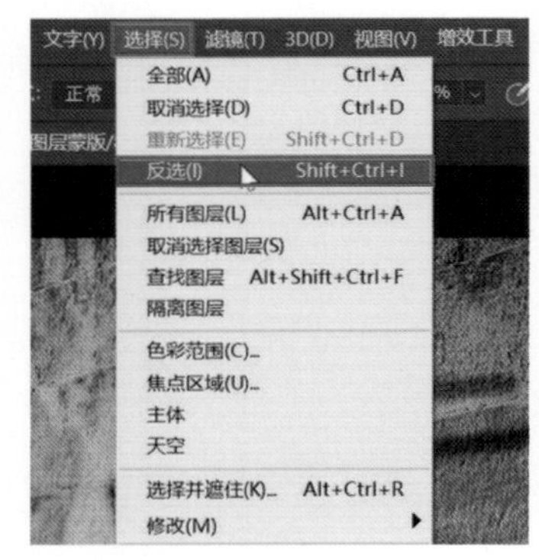

图3-2-10

图3-2-11

接下来，按住键盘上的“Alt+Delete”组合键，填充前景色，如图3-2-12所示。

图3-2-12

选择“画笔工具”，前景色选择“白色”，调整画笔大小，降低“不透明度”，对人物的手臂、乐器和鞋进行擦拭，如图3-2-13所示。

图3-2-13

之后，放大照片，将画笔“不透明度”调到100%，缩小画笔直径，将前景色设置为“黑色”，用画笔轻轻擦拭包含过多环境的面部位置，如图3-2-14所示，还原人物面部细节，如图3-2-15所示。这样，照片的初步调整就完成了。

图3-2-14

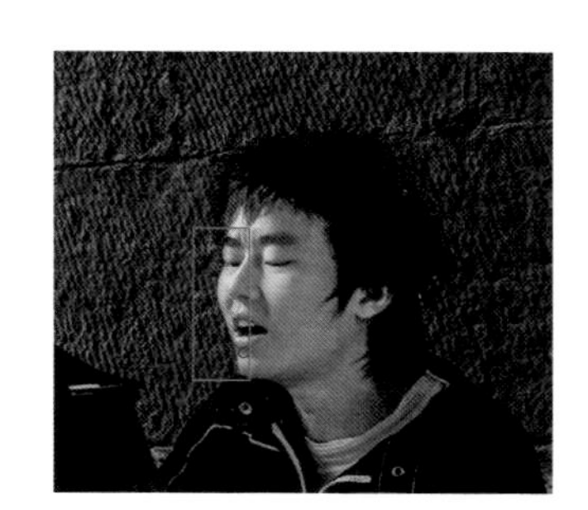

图3-2-15

调整图层的“不透明度”，如图3-2-16所示，避免人物面部过亮，与环境的反差过大。

图3-2-16

选中“黑白”图层，适当地对“红色”和“黄色”进行调整，如图3-2-17所示。

再次建立一个“曲线调整图层”，如图3-2-18所示，根据需要对曲线进行调整。观察调整后的画面效果，可以看到整体效果已经非常好。

图3-2-17

图3-2-18

3.3 纪实摄影作品组照的后期思路与流程

本节我们来介绍纪实摄影作品中组照的处理技巧。很多时候，我们拍摄人文纪实类的题材时，拍摄的并不是一张照片，而是大量的照片，通过大量的照片形成组照，这样能够给人更全面直观的视觉感受。但是，纪实类摄影题材的组照有一个重点，就是画面整体的风格要相近一些，光影和色调要相似，并且最好是在同一个场景或是同一个城市拍摄，这样才能反映出相同的主题。然而，我们相机拍摄的照片往往各有各的影调风格或色调风格，显得不太协调。所以在这种情况下，我们需要对组照进行统一色调的处理。如果逐张处理，整体效果很难把握，并且处理出来的效果可能千差万别。针对这种情况，我们常常使用ACR进行快速的批处理。那么，如何将大量的JPEG格式照片全部载入ACR呢？

单击“编辑”菜单，选择“首选项”，选择“Camera Raw”，如图3-3-1所示。

进入到“Camera Raw首选项”面板，单击“文件处理”，JPEG选择“自动打开所有受支持的JPEG”，如图3-3-2所示，然后单击“确定”。

图3-3-1

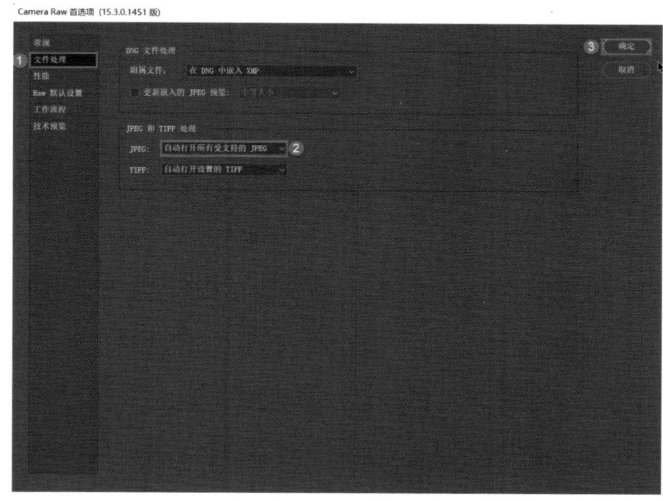

图3-3-2

要处理组照，首先将选中的照片全部拖入Photoshop，这样就能看到所有照片都已经加载到ACR中。接着，按住“Shift”键全选所有照片。然后，转至右侧的基本面板，首先设定一个色调风格。可以尝试稍稍提高“色温”值，以实现画面的统一色彩倾向；同时，适度降低“色调”值，使画面呈现出老照片的感觉，如图3-3-3所示。

图3-3-3

接下来，我们要对不同的照片进行调整处理。虽然我们已经让所有照片具有了统一的色调，但是不同照片之间的对比度仍然存在差异。有些照片可能具有高对比度，而另一些则相对较低。为此，我们需要协调它们的影调。例如，我们可以稍稍降低“对比度”、减少“高光值”并提亮“阴影”，以尽量营造出一种低对比度的老照片效果。

我们可以进一步降低“对比度”，并稍微降低“自然饱和度”。而其他的照片也需要进行类似的处理，降低“对比度”和“自然饱和度”。经过这样的调整，整组照片就能呈现出统一的低饱和度、略带黄绿色调的风格了，如图3-3-4、图3-3-5、图3-3-6和图3-3-7所示。

如果发现有些照片的偏黄色调不够明显，我们还可以额外增加一点“色温”进行调整。经过这样的处理，整组照片很容易呈现出相同的组照效果。通过这样的处理，这组照片给人一种老照片的感觉。当一组照片被呈现出来时，画面给人的感觉非常协调，一眼就能看出它们属于同一组照片。

编辑
自动
黑白
配置文件
颜色
基本
白平衡
自定
色温
+27
色调
-13
曝光
0.00
对比度
-40
高光
0
阴影
0
白色
0
黑色
0
纹理
0
清晰度
0
去除薄雾
0
自然饱和度
-24
饱和度
0
曲线
细节
打开
取消
完成

图3-3-4

编辑
自动
黑白
配置文件
颜色
基本
白平衡
自定
色温
+23
色调
-14
曝光
-0.60
对比度
-52
高光
0
阴影
0
白色
0
黑色
0
纹理
0
清晰度
0
去除薄雾
0
自然饱和度
-12
饱和度
0

图3-3-5

图3-3-6

图3-3-7

处理完毕后，在ACR界面左侧的胶片长框中按住“Shift”键全选所有照片，然后单击“存储”，将照片保存起来即可。

3.4 纪实人像摄影作品的一般处理技巧

本节我们通过一个案例来介绍低饱和度纪实人像的后期处理思路。图3-4-1所示为原始照片，可以看到场景中的色彩感很强，土地及水面的色彩过于浓郁，干扰到了主体人物的表现力，并且整个场景中受光线照射，由于反光，画面的亮度非常高。

图3-4-1

调整之后的画面如图3-4-2所示，可以看到画面整体的明暗更协调，色彩饱和度也变得比较合理，而人物的表现力也更强。

图3-4-2

下面我们来看具体的处理过程。

首先对照片中比较亮的部分进行压暗。具体操作时，点开“选择”菜单，选择“色彩范围”，如图3-4-3所示。

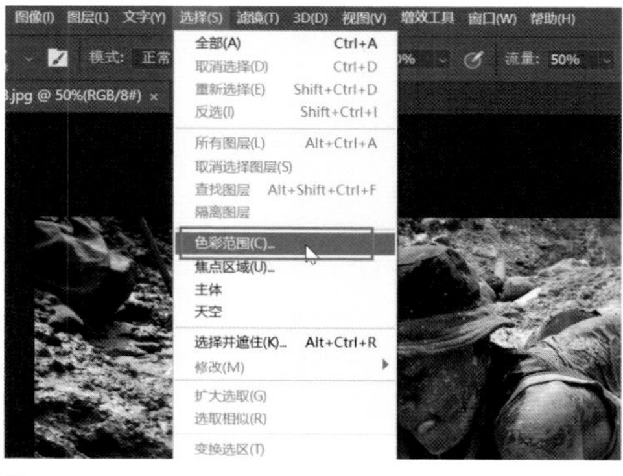

图3-4-3

打开“色彩范围”，设定选择为“高光”，通过调整“颜色容差”和“范围”，选取照片中的高光区域，然后单击“确定”，如图3-4-4所示。

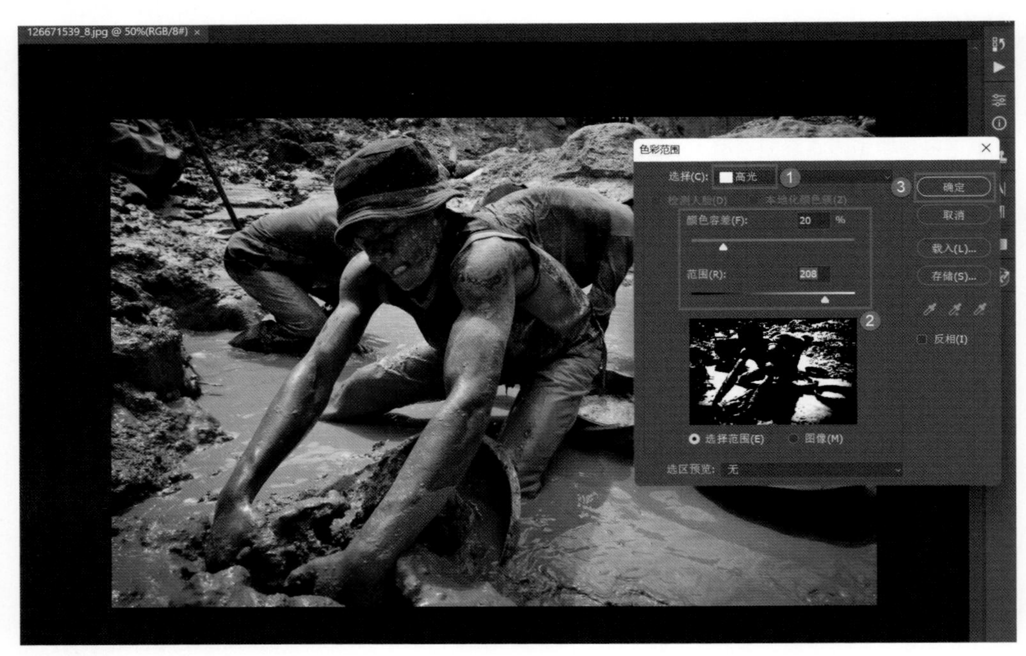

图3-4-4

回到主界面之后，可以发现照片中的高光区域已经被建立了选区，如图3-4-5所示。

按键盘上的“Ctrl+J”组合键，提取高光，并保存为一个单独的图层，将高光图层的混合模式改为“正片叠底”，可以看到高光区域被压暗了，如图3-4-6所示。

图3-4-5

图3-4-6

此时照片中泥浆的部分，饱和度比较高，因此单击Photoshop主界面右下角的“创建新的填充或调整图层”，在打开的菜单中选择“色相/饱和度”，这样可以创建“色相/饱和度蒙版图层”，然后再打开“色相/饱和度”调整面板，如图3-4-7所示。

在“色相/饱和度”面板中，用鼠标单击左上角的抓手图标，即“目标调整工具”，将鼠标移动到色彩比较浓郁的泥浆部分，单击点住向左拖动，这样可以直接定位到饱和度比较高的色彩，并对其进行降低，可以看到我们所选的泥浆部分的“饱和度”降低了，如图3-4-8所示。

图3-4-7

图3-4-8

同时降低我们所选取颜色部分的“明度”，压暗整个环境，如图3-4-9所示。

图3-4-9

此时，比较重点的人物面部亮度偏低，因此我们创建“曲线蒙版图层”，向上拖动曲线，对画面进行提亮，如图3-4-10所示。

图3-4-10

我们要提亮的主要是人物的面部，但现在是画面整体提亮，因此按键盘上的“Ctrl+I”组合键，对蒙版进行反向，蒙版变为黑蒙版后，提亮的效果就被隐藏了起来。这时在工具栏中选择“画笔工具”，前景色设为“白色”，设定柔性画笔，降低画笔的“不透明度”和“流量”，缩小画笔直径，在人物面部处进行擦拭，还原出人物面部的提亮效果，如图3-4-11所示。

图3-4-11

此时我们感觉背景中还有一些比较明亮的反光点，因此按键盘上的“Ctrl+Alt+Shift+E”组合键，盖印一个图层，如图3-4-12所示。

直接按键盘上的“Ctrl+Alt+2”组合键，为这些反光点，也就是最亮的部分建立选区，如图3-4-13所示。

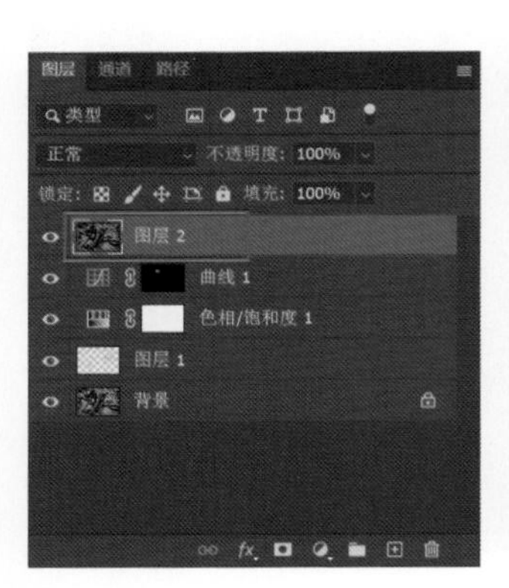

图3-4-12

图3-4-13

然后创建“曲线蒙版图层”，可以看到，此时要调整的部分主要是这些反光点。我们向下拖动右上角的锚点，在曲线中间创建一个锚点，向下拖动，这样可以压暗最亮的反光点，最终我们就将照片中一些比较杂乱的反光点，调整到了一个比较合理的程度上，如图3-4-14所示。

图3-4-14

再次创建一个“曲线蒙版图层”，提亮高光，向下恢复暗部曲线，强化画面的反差，这样照片就会变得通透起来，此时观察照片，效果已经比较理想了，如图3-4-15所示。

图3-4-15

最后，右键单击背景图层的空白处，在弹出的菜单中选择“拼合图像”，如图3-4-16所示。将图层拼合起来后，再将照片保存就可以了。

图3-4-16

CHAPTER 4

第4章 花卉摄影后期思路与实战

本章将介绍花卉摄影后期处理的思路和实际操作，包括花卉照片的二次构图要点、利用AI和曲线蒙版制作黑背景花卉照片，以及利用AI进一步虚化背景等技巧。通过学习的本章，读者能够提升花卉摄影作品的构图效果和美感。

4.1 花卉摄影作品的二次构图要点

在对花卉摄影作品的后期处理中，二次构图是一项重要技巧。大多数花卉摄影作品都需要进行二次构图，目的是突出主体、调整位置或改变构图方式。

首先，将照片导入Camera Raw滤镜中，如图4-1-1所示。以第一张照片为例，我们希望突出蜜蜂采蜜的场景，但当前的构图中蜜蜂位于画面中间，显得有些平淡。此外，这是一张接近微距效果的照片，蜜蜂的大小不够明显。因此，我们可以通过调整蜜蜂的位置和放大蜜蜂来改变构图形式，使其更加引人注目。

图4-1-1

选择“裁剪工具”，对画面进行裁剪，找到一个适合的位置，然后确定裁剪范围，如图4-1-2所示。

确定裁剪范围之后，双击鼠标左键应用裁剪，如图4-1-3所示。经过裁剪后，蜜蜂的位置会更加合理。当然，如果你喜欢其他的构图方式，也可以继续调整，例如让蜜蜂稍微居中一点，但不要将其放在画面的正中间。通过这样的调整，蜜蜂的形态和纹理会更加突出，位置也更加适宜。这是最常见的构图方式之一。

DSC_0077.jpg (1/4) - JPEG
R:235 G:177 B:228
ISO 200
105 毫米
f/3
1/1600 秒
裁剪
预设
锁定
角度
0.00
限制为与图像相关
旋转和翻转

图4-1-2

图4-1-3

下面是第二种构图方式，如图4-1-4所示，也是一张蜜蜂采蜜的照片。整体画面显得平淡，缺乏冲击力。针对这种封闭式构图，我们可以选择只选取照片的一部分，将其转换为开放式构图。

使用“裁剪工具”，缩小画面并确定范围，如图4-1-5所示。

图4-1-4

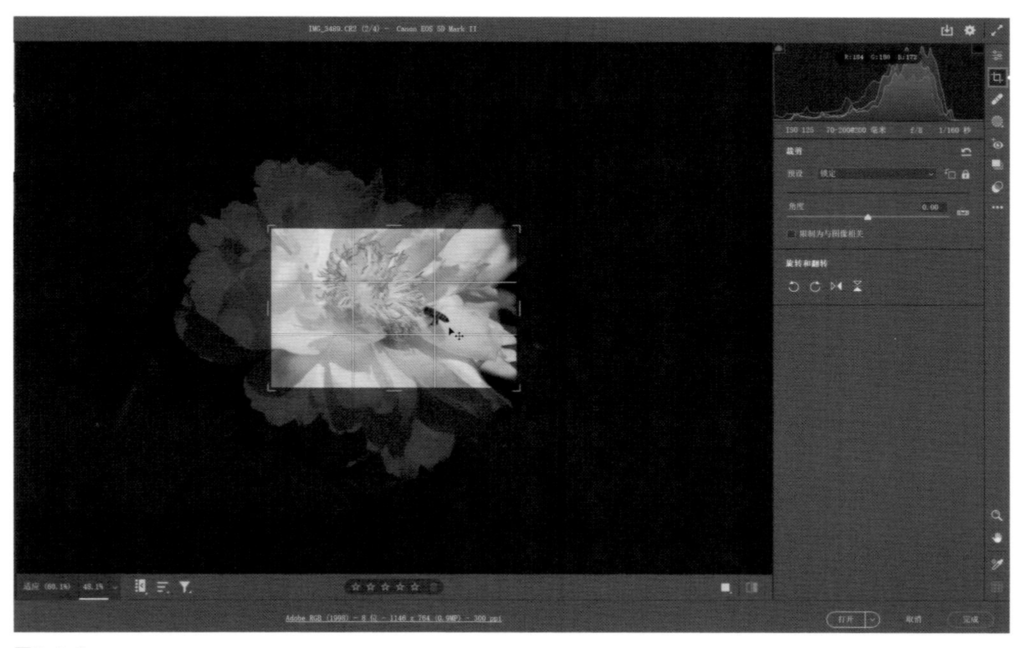

图4-1-5

双击左键应用裁剪，如图4-1-6所示，画面就会呈现出更强的表现力和视觉冲击力，形式上也会有较大的变化，与原图完全不同。

第三种情况是要突出莲蓬与凋落的荷花花瓣，如图4-1-7所示，但当前场景显得有些宽广，莲蓬和花瓣的表现力不够突出，形态和质感也不够突出。因此，我们可以裁掉周围过于空旷的部分，让主体突出。

图4-1-6

图4-1-7

选择“裁剪工具”，拖动四周的裁剪框向中间拖动，确定合适的范围，如图4-1-8所示。

双击鼠标左键应用裁剪，如图4-1-9所示。经过裁剪后，莲蓬的形态和质感会更加强烈，更加突出。当然，还可以微调位置，让其稍稍居中一些，效果会好很多。

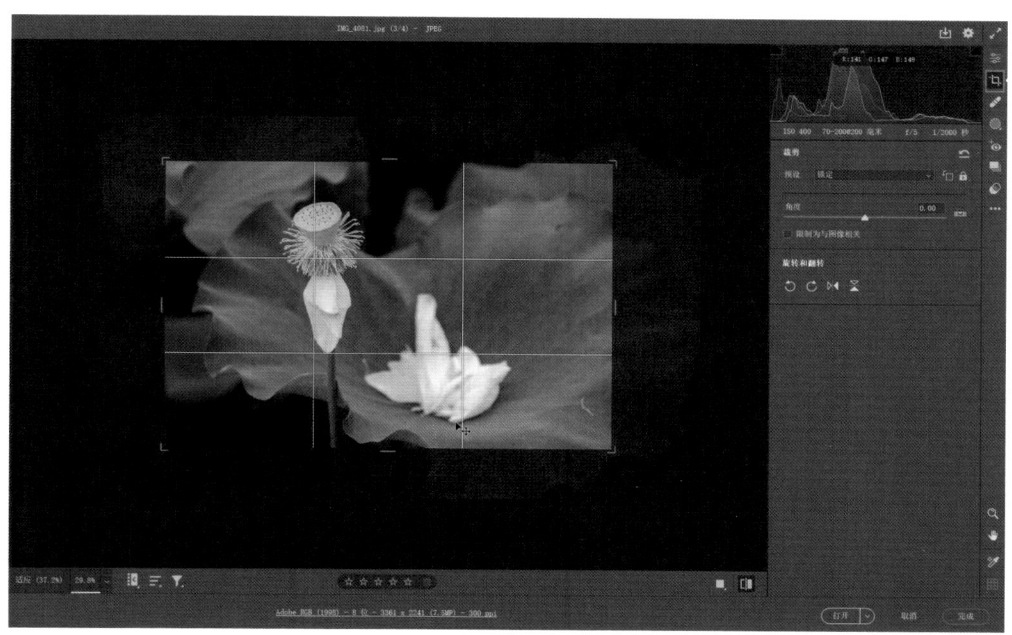

图4-1-8

图4-1-9

最后一种情况是荷花位于画面左上角，不够居中，如图4-1-10所示。如果将其稍微调整到居中的位置，效果会更好。在这种情况下，只需要调整主体的位置并进行适当的裁剪，无须完全居中，否则画面会显得过于平凡。

选择“裁剪工具”，确定裁剪范围，如图4-1-11所示。

图4-1-10

图4-1-11

经过调整后，画面的主体会更加突出，画面更具有意境，如图4-1-12所示。以上就是花卉摄影中常见的一些二次构图方式。

图4-1-12

4.2 制作涂色背景的花卉摄影作品

本节我们要讲解如何制作黑背景或深色背景的花卉摄影作品。调整前后的对比效果如图4-2-1和图4-2-2所示。

图4-2-1

图4-2-2

将照片导入Camera Raw滤镜中，如图4-2-3所示。

图4-2-3

之前我们已经对这张照片进行过二次构图，可以看到当前的构图相对来说是比较合理的。进入到“基本”面板，对照片的影调、层次等进行初步调整，并且提高“纹理”的值、提高“清晰度”的值，强化轮廓和质感，如图4-2-4所示。调整完毕之后，单击“确定”，将照片导入Photoshop界面中，如图4-2-5所示。

图4-2-4

图4-2-5

我们想要的效果是除花卉之外，大部分背景区域变为黑色。当然要注意的是，如果所有的其他景物都变为纯黑色，那么环境感会比较差，画面就会比较呆。最好是让大部分区域变为纯黑色的同时，留下花叶的线条，并有隐隐的轮廓，这样意境就出来了。

单击“选择”菜单，选择“主体”，如图4-2-6所示，可以看到主体花朵的选择非常准确，如图4-2-7所示。

图4-2-6

图4-2-7

接下来，我们需要选择花卉之外的整个环境。单击“选择”菜单，选择“反选”，如图4-2-8所示，这样我们就选择了花卉之外的所有区域，如图4-2-9所示。

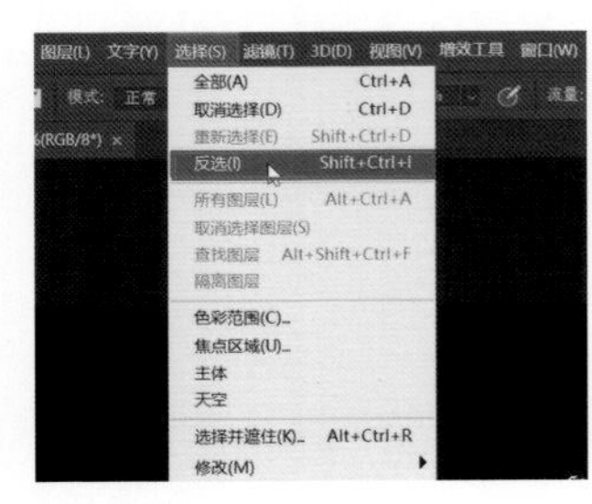

图4-2-8

图4-2-9

然后，单击“调整”面板，单击“单一调整”，选择“曲线”，如图4-2-10所示。

压暗曲线，如图4-2-11所示。

图4-2-10

图4-2-11

正如前文所述，此时的照片缺乏一些环境感，看起来呆板、生硬。因此，我们可以在工具栏中选择“画笔工具”，将前景色设置为“白色”，调整画笔的大小，稍微降低“不透明度”和“流量”，在荷叶的边缘线条位置进行涂抹，以遮挡部分压暗的效果，从而显现出荷叶的轮廓。这样做能够为照片增添一些细节，如图4-2-12所示。

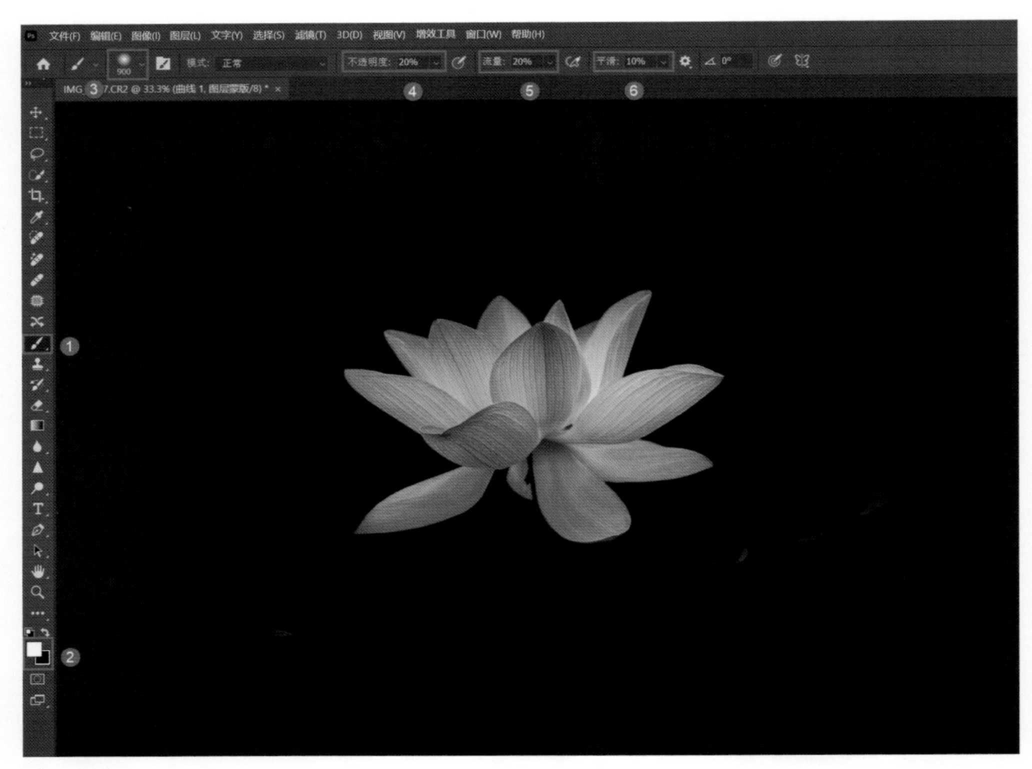

图4-2-12

现在，我们可以看到这是一张具有暗背景效果的照片，并且荷叶有隐约的轮廓，整体效果大幅提升。如果觉得整体背景仍然太暗，我们可以稍微降低上方曲线蒙版图层的不透明度，以展示一些轮廓。这样仍然会保持暗背景的效果，但环境感会更加突出，画面的意境可能会更好。具体调整不透明度和使用画笔对下方荷叶进行擦拭的程度，需要根据具体的照片来决定。

最后，我们只需保存照片即可。

4.3 进一步虚化花卉摄影作品的背景

本节我们介绍如何对花卉摄影作品的背景进行进一步的模糊处理，以得到更浅的景深，也就是得到更模糊的背景效果。调整前后的对比效果如图4-3-1和图4-3-2所示。

图4-3-1

图4-3-2

将照片导入Camera Raw滤镜中，如图4-3-3所示。

在“基本”面板中，降低“高光”的值，增加“纹理”，如图4-3-4所示。

图4-3-3

图4-3-4

找到“混色器”面板，降低“浅绿色”和“蓝色”的饱和度，如图4-3-5所示。

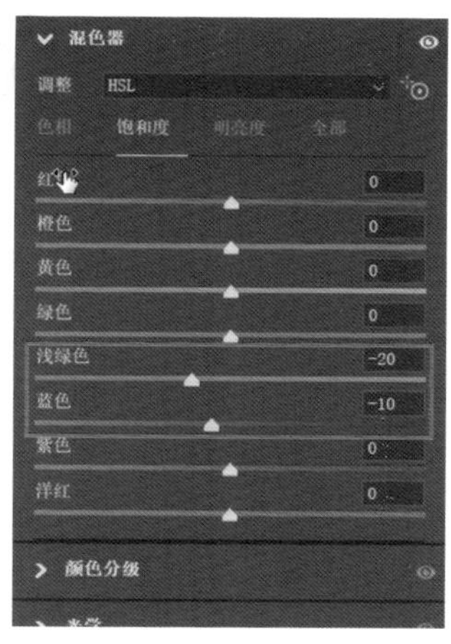

图4-3-5

对色相进行调整，降低“绿色”“浅绿色”和“蓝色”的值，如图4-3-6所示，单击“打开”，将照片导入Photoshop界面中，如图4-3-7所示。

图4-3-6

图4-3-7

按键盘上的“Ctrl+F”组合键，调出Photoshop中的“发现”面板，如图4-3-8所示。

在“发现”面板中，找到“快速操作”工具，单击进入到“快速操作”，选择“模糊背景”，如图4-3-9所示。

单击“套用”，如图4-3-10所示。

图4-3-8

图4-3-9

图4-3-10

套用之后的效果图如图4-3-11所示。此时，我们会发现背景还不够模糊。

图4-3-11

单击“高斯模糊”，如图4-3-12所示。

图4-3-12

在弹出的“高斯模糊”的对话框中，调整半径，如图4-3-13所示，调整完毕之后，单击“确定”。

调整完毕后，记得保存照片即可。选中“背景 拷贝”图层的蒙版图层，在左侧的工具栏中选择“画笔工具”，前景色选择“黑色”，调整画笔的大小，调整画笔的“不透明度”和“流量”，处理主体边缘不自然的部分，如图4-3-14所示。

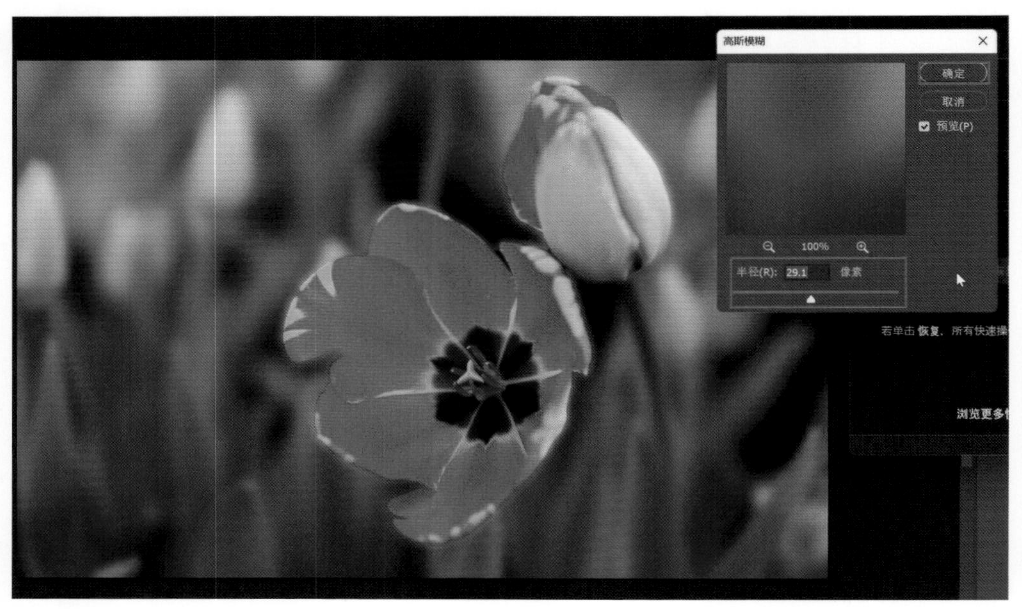

图4-3-13

图4-3-14

CHAPTER 5

第5章 建筑摄影后期思路与技巧

对于一般的建筑摄影类题材，建筑物的整体外观、构成、线条、材质、设计理念等都是很好的表现对象，从后期处理的角度来看，对于建筑透视的校正，以及对建筑表面质感的强化，都是最重要的环节。

本章我们通过两个案例来学习建筑摄影后期思路与技巧。

5.1 建筑题材照片的后期处理要点

本节我们将介绍建筑题材照片的后期处理要点。实际上，建筑题材照片的后期处理与该题材摄影创作的要求密切相关。一般来说，对于建筑题材，我们希望能够尽可能真实地还原建筑表面的材质纹理，因此要求画面具有较强的质感和清晰度。如果拍摄的照片不够清晰，就需要进行增强。例如，在如图5-1-1所示的照片中，我们可以看到画面具有一定的艺术气息，但是仔细观察会发现建筑的局部过于柔和，不够清晰，导致质感不够强烈，对建筑材质的表现有所欠缺。因此，在后期处理时，应该加强清晰度，凸显建筑的材质纹理。通过增强清晰度，如图5-1-2所示，建筑的轮廓线条及材质表现效果会更好。

图5-1-1

图5-1-2

其次，控制透视是另一个重要的要点。对于像如图5-1-3所示这幅画面中存在明显透视效果的情况，该透视效果是由拍摄视角带来的。我们可以观察到建筑物向上四散，显得不够紧凑，不够端正和严谨。针对这种情况，一定要借助ACR或Photoshop等工具对照片进行透视矫正。经过透视矫正之后，效果会更好，如图5-1-4所示。

图5-1-3

图5-1-4

对于室内空间的建筑摄影，如图5-1-5所示，我们还应该注意几个问题。首先，画面的色彩必须协调，即之前所提到的统一画面色调。例如，在这张照片中，长凳呈现偏橙色调，即暖色调，而墙上呈现冷色调，其他区域则是中灰色调，导致画面显得跳跃、不协调。经过调整处理之后，长凳的暖色调被压制，墙上的冷色调被处理为中灰色调，使整体画面的色调趋于一致、协调，如图5-1-6所示。这种色调的统一并不是要将所有颜色处理成同一种色调，而是要尽量符合主要色调，使画面整体色调统一起来。

图5-1-5

图5-1-6

另外，观察另一张室内建筑摄影作品，如图5-1-7所示，可以发现存在大面积的过曝问题，地面上的区域显得脏乱，色彩也不协调。经过调整处理之后，对过曝区域进行了HDR处理，恢复了高光的细节层次，同时修复了地面上脏乱区域的痕迹和墙上的污渍。近处过暖的桌椅色彩也得到了调整，如图5-1-8所示。在原始照片中，桌椅色调特别暖，而经过调整之后效果改善很多。此外，还修复了天花板上一些混乱的灯和其他杂物，使整体画面更加干净。

在实际操作中，我们还可以通过增强清晰度来强调建筑题材摄影作品的质感，并协调画面色彩，使其干净整洁。

图5-1-7

图5-1-8

以上就是商业建筑摄影中常见的要求和后期处理要点。在后期处理时，要强调建筑题材的质感、协调画面色彩，并通过调整使画面整洁。

5.2 利用透视变形功能校正透视

拍摄的建筑类题材的照片时，有时可能需要仰拍。那么在仰拍时，拍摄的对象就会产生一种透视的变化，往往会出现下面比较宽、上面比较窄的情况，并且有一些不规则的变形。本节就来介绍一下怎样修复这种变形，以得到一张横平竖直、比较规整的照片画面。如图5-2-1所示，在原始照片中可以看到景物发生了非常不规则的透视变化，如果直接将景物选择出来，进行透视的调整，那么效果不会理想。通常情况下，在Phototshop中，我们可以使用“透视变形”这个菜单命令来进行调整。

经过透视变形调整之后，最终得到的照片画面如图5-2-2所示，可以看到画面变得非常规整了，横平竖直，也没有了透视变形。

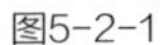

图5-2-1

图5-2-2

在Phototshop中打开原始照片，如图5-2-3所示。

调整之前，先建立几条参考线，以帮助我们确定水平。在菜单栏中选择“视图”，选择“新建参考线”菜单命令，此时弹出“新建参考线”对话框，在其中分别建立两条水平的参考线以及两条垂直的参考线。具体建立时，分别单击选中“水平”或“垂直”单选按钮，然后单击“确定”就可以，如图5-2-4所示。

图5-2-3

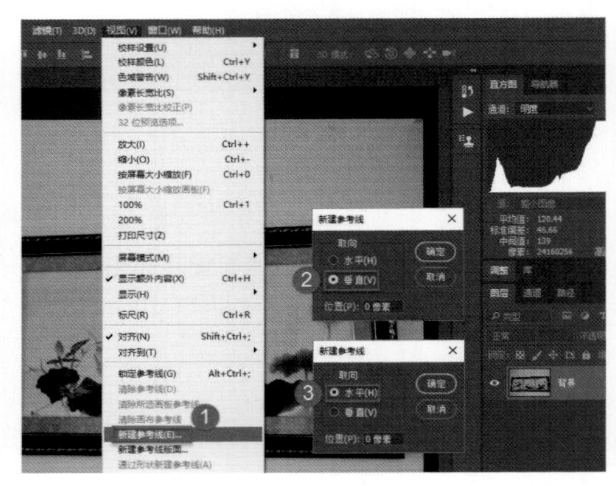

图5-2-4

建立参考线之后，将参考线分别移动到照片画面的左侧、右侧以及上方和下方，放到景物的四周，如图5-2-5所示。

图5-2-5

在菜单栏中选择“编辑”，然后执行“透视变形”菜单命令，如图5-2-6所示。

图5-2-6

这时会进入一个单独的透视变形界面，将鼠标移动到照片画面中单击，即可生成一个透视变形的参考区域，如图5-2-7所示。

图5-2-7

用鼠标分别单击点住透视变形区域的四个点，将这四个点大致放到景物的四个角上，如图5-2-8所示。

图5-2-8

这时在Phototshop的选项栏中单击“变形”选项，切换到变形界面，如图5-2-9所示。

图5-2-9

接下来用鼠标分别单击按住四个点并向外拖动。拖动时，要注意拖动的目的是让景物的边线与我们的参考线重合起来。首先拖动左上角的点，如图5-2-10所示。

图5-2-10

接下来用同样的方法拖动另外三个点，让景物的边线与我们之前建立的参考线重合起来，这样就做到了边线的横平竖直。调整好之后，单击上方选项栏中的“提交透视变形”，完成透视变形的校正，如图5-2-11所示。

图5-2-11

然后，在菜单栏中选择“视图”，执行“清除参考线”菜单命令，如图5-2-12所示，这样就可以将我们之前建立的参考线清除掉了。可以看到调整之后的画面效果还是比较理想的，如图5-2-13所示，最后将照片保存就可以了。

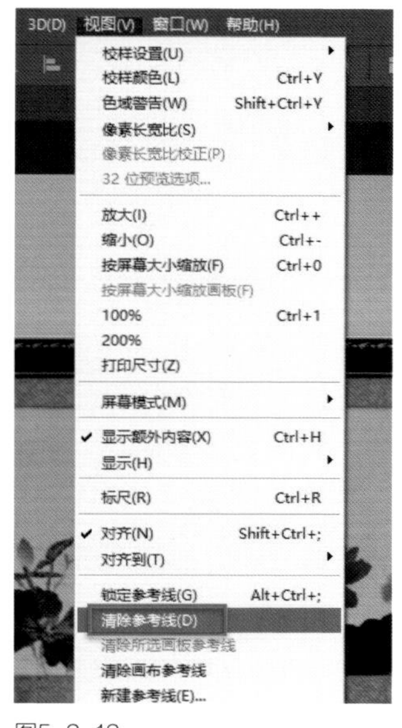

图5-2-12

图5-2-13

通常来说，对于规则的变形对象，使用“透视变形工具”就可以得到很好的校正效果。

5.3 建筑题材照片的综合处理

本节介绍一个比较综合的建筑题材照片的后期处理案例。

在这个案例中，我们将会对照片中建筑的几何畸变进行调整，并且强化建筑的质感。

看原图我们会发现画面整体的影调层次不够合理，暗部比较黑，建筑部分出现了不规则的几何畸变，天空的色彩过于偏蓝，显得不够协调，如图5-3-1所示。处理时，要对建筑部分进行畸变校正，对天空部分进行协调色彩，并且我们还要强化建筑部分的质感，处理后的效果如图5-3-2所示。实际上对于一般的建筑照片，我们都可以采用这种思路进行调整。

图5-3-1

图5-3-2

下面我们来看看具体的处理过程。首先将拍摄的RAW格式文件拖入Photoshop，会自动载入ACR。

对于这张照片我们可以首先校正几何畸变。在右侧的面板中单击展开“几何”面板，如图5-3-3所示。

类似这种不规则的几何畸变，直接进行自动、水平或竖直校正，都很难将建筑的几何畸变调整好，因此我们直接单击右侧的“手动调整”。

将鼠标移动到建筑上应该是水平的一条线上单击，然后不要松开鼠标，保持点住状态，将鼠标移动到线条的另外一端，这样我们就建立了一条参考线，建立参考线之后，照片没有变化，如图5-3-4所示。

图5-3-3

图5-3-4

接下来，我们再找到建筑上另外一条存在的（应该是水平的）线条上，用同样的方法建立参考线，通过两条参考线，我们可以看到建筑的水平发生了较大变化，如图5-3-5所示。我们已经将照片的水平调整到位。

图5-3-5

我们再用相同的办法，为照片中的竖向线条建立参考线，建立第一条参考线后我们会发现，建立参考线所在的竖直线被调整到了比较准确的程度上，如图5-3-6所示。再用同样的方法，为建筑另外一侧的竖直线建立参考线，如图5-3-7所示，可以看到经过4条参考线的调整，建筑就被校正得比较规整了。

图5-3-6

图5-3-7

如果感觉校正的效果还不够准确，那么我们还可以用鼠标单击点住参考线进行拖动，改变参考线的位置，并且还可以将鼠标移动到建立参考线时所选择的点上，改变参考线的倾斜程度，从而让校正的程度更加准确，如图5-3-8所示。

建筑的几何畸变被校正到位之后，在工具栏中选择“裁剪工具”，裁掉照片四周不够紧凑的部分，在保留区域内双击鼠标左键，完成照片的二次构图，如图5-3-9所示。

图5-3-8

图5-3-9

之后再回到“基本”面板，在其中对照片的影调层次进行调整，主要包括提高“曝光”值、降低“高光”值、提高“阴影”值、降低“白色”值，以缩小画面的反差，追回暗部的细节，如图5-3-10所示。

此时我们可以在照片显示区右下角单击“在原图效果图之间切换”，对比原图和处理之后的效果图，可以看到调整之后画面发生了较大变化，如图5-3-11所示。

图5-3-10

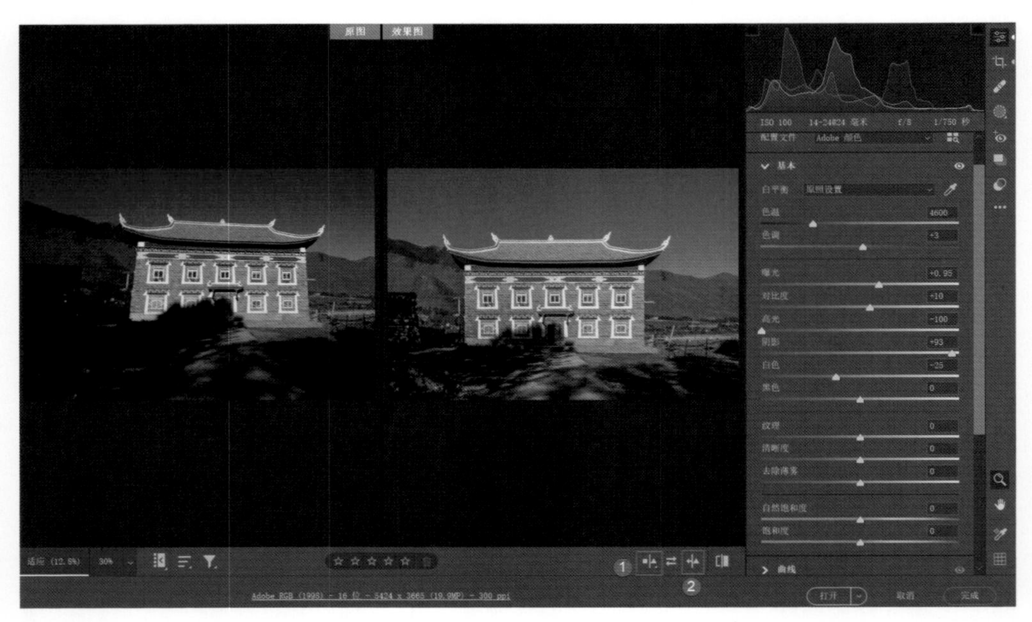

图5-3-11

再次单击右侧的第三个按钮，将当前的效果复制到原图位置，可以看到此时的原图就变为与效果图完全一样，如图5-3-12所示。我们之所以这样操作，是为了观察对建筑质感的强化效果。

在右侧基本面板的下方，提高“去除薄雾”的值，可以看到画面色彩发生了变化，如图5-3-13所示，画面的清晰度变高了。“去除薄雾”主要是平面级的调整，可以强化天空、背景、建筑等不同平面间的差别，对于质感的强化反而不是那么明显。

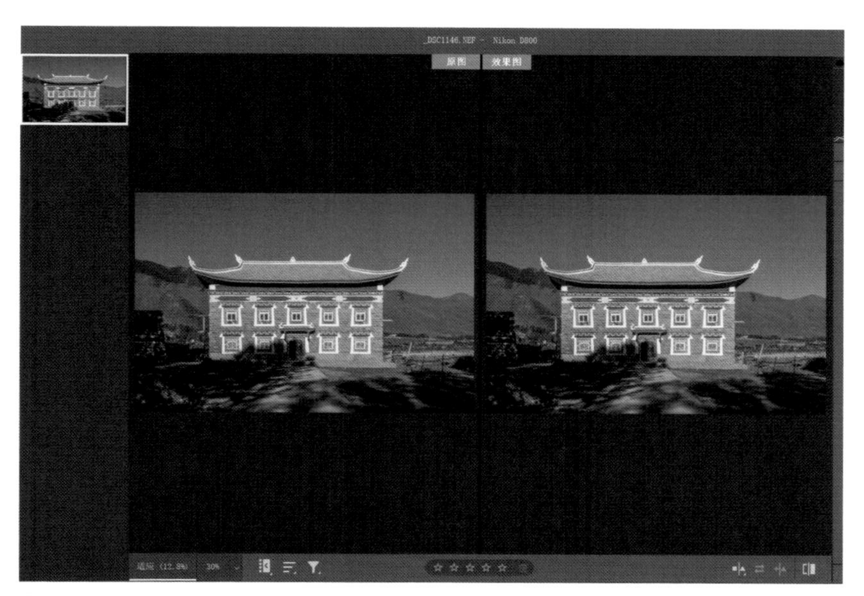

图5-3-12

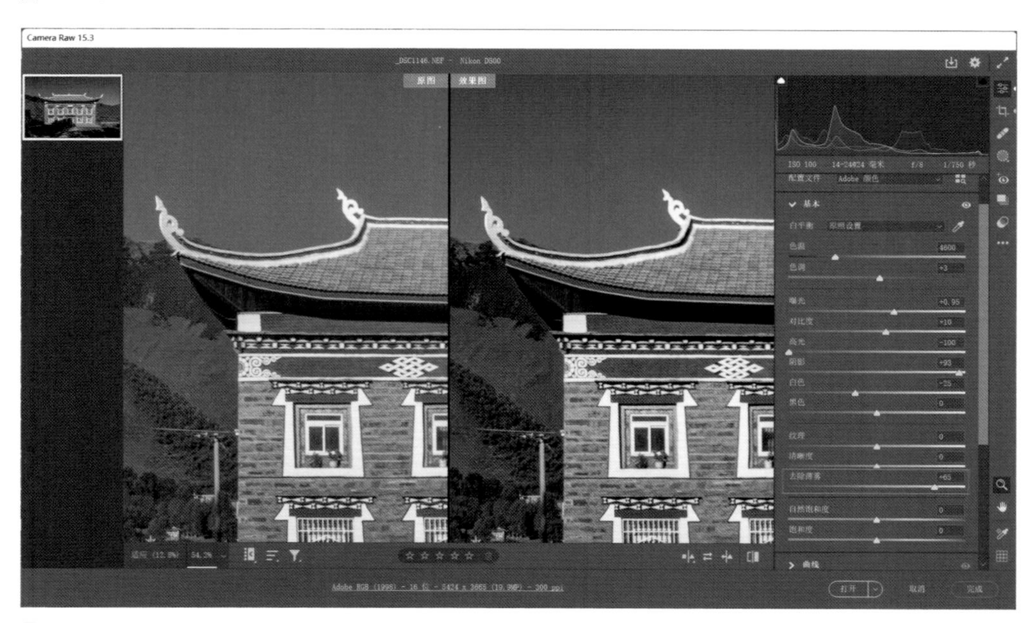

图5-3-13

我们将“去除薄雾”的值归零，再大幅度提高“清晰度”的值，可以看到画面色彩没有发生明显变化，但是建筑的轮廓却更加清晰了，如图5-3-14所示。清晰度的调整可以强化景物的轮廓，即轮廓级的调整。

我们再提高“纹理”的值，会发现一些细节也变得更清晰了，如图5-3-15所示。从调整的效果来看，纹理的调整是像素级的清晰度强化。

图5-3-14

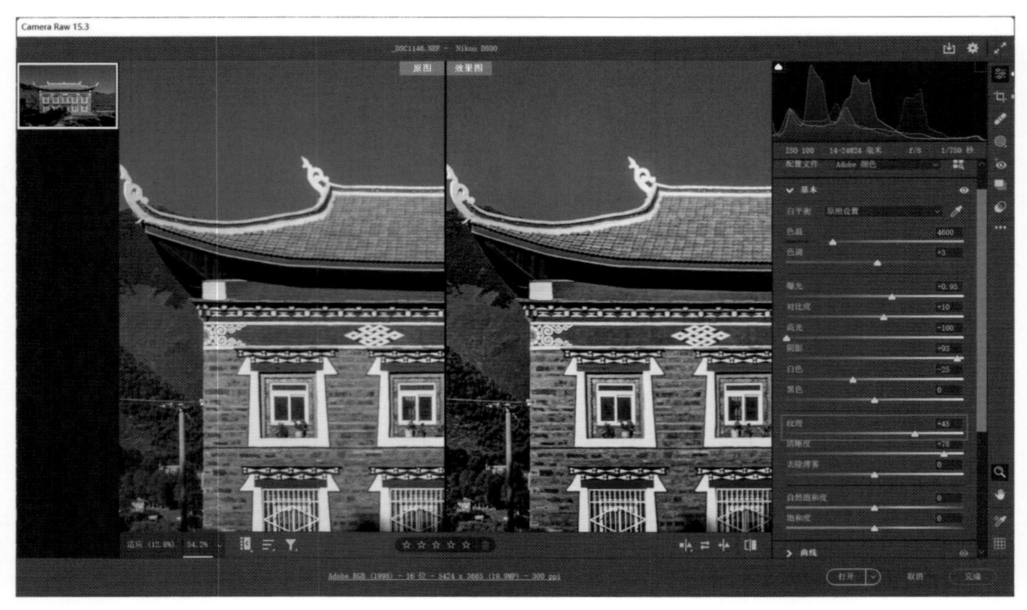

图5-3-15

对于本案例来说，我们主要提高的是“纹理”与“清晰度”的值，通过提高这两个值就可以强化建筑部分的清晰度，从而让建筑的质感得到强化。强化了建筑的质感之后，接下来我们再解决照片中天空色彩过重的问题。

切换到“混色器”面板，如图5-3-16所示，在其中选择“明亮度”子面板，降低“蓝色”的明亮度，避免天空部分过亮；之后再切换到“饱和度”子面板，降低草地的色彩饱和度和蓝色天空的饱和度，这样可以让天空与草地部分的色感变弱，而建筑部分则不发生变化，如图5-3-17所示，至此，这张照片的调整就基本完成了。

图5-3-16

图5-3-17

我们对建筑质感进行强化时，实际上调整的是全图的质感，即背景处的山体以及近景的地面部分的清晰度都得到了强化。

如果我们只想强化建筑部分的清晰度，还可以借助于蒙版功能来实现。具体操作时，回到“基本”面板，我们将“纹理”和“清晰度”的值先恢复到“0”的位置，也就是取消对纹理和清晰度的调整，如图5-3-18所示。

图5-3-18

然后在右侧的工具栏中单击选择“蒙版”，再选择“画笔工具”，在画笔参数中提高“纹理”与“清晰度”的值，然后将画笔移动到建筑上点住进行涂抹，用画笔进行局部调整，这样就只强化了建筑部分的清晰度和纹理，从而只强化这部分的质感，而确保了山体以及近处的地面部分不发生清晰度的变化，这种强化建筑质感的方法更加合理，如图5-3-19所示。

在主界面右上角单击“存储”，打开存储选项界面，在其中设置照片的保存位置、输出照片的文件格式、色彩空间，并调整输出照片的尺寸，最后单击“存储”，如图5-3-20所示，将调整好的照片保存就可以了。

Camera Raw 15.3
_DSC1146.NEF - Nikon D800
创建新蒙版
蒙版 1
画笔 1
添加
减去
显示叠加
ISO 100
14-24@24 毫米
f/8
1/750 秒
色温
色调
色相
使用微调
饱和度
颜色
曲线
效果
纹理
清晰度
去除薄雾
细节
锐化程度
减少杂色
波纹去除
适应 (26.1%)
Adobe RGB (1998) - 16 位 - 5424 x 3665 (19.9MP) - 300 ppi
打开
取消
完成

图5-3-19

图5-3-20

CHAPTER 6

第6章 夜景摄影后期思路与实战

本章将介绍夜景摄影后期处理的思路和实际操作，包括夜景城市风光的后期处理要点，夜景城市照片处理的流程与实战，以及星空、银河等夜景照片的后期处理要点。我们还将学习夜景星轨制作的准备工作，以及分段制作星轨的技巧和单片制作星轨的技巧。此外，我们还将探讨星空照片的后期处理流程与实战，并介绍如何利用ACR中的AI降噪处理星空照片。通过学习本章，读者能够提升夜景照片和星空摄影作品的品质，展现出迷人的夜景和壮丽的星空景观。

6.1 城市夜景风光照片后期处理要点

本节介绍城市夜景风光照片后期处理的要点，我们将结合具体的案例来进行讲解。首先来讲解第一个案例，如图6-1-1所示，调整后的效果如图6-1-2所示。

图6-1-1

图6-1-2

仔细观察图6-1-1这张照片，我们会发现很多问题。（如果你没有发现问题，那就说明你对夜景城市摄影的要求不太了解，或者整体摄影基础比较薄弱。）首先，我们可以看到照片四周的透视变形问题，我们应该对其进行矫正，让建筑物看起来更加规整，从而使画面更具吸引力和表现力。其次，照片的色彩非常杂乱，虽然灯光很绚丽，但红色、橙色、黄色、青色和紫色等色彩混杂在一起，我们需要协调和统一画面的色调。我们来看处理后的照片，如图6-1-2所示，可以看到透视已经得到了矫正，画面中间有一个蓝色的塔，与整体呈现出的暖色调形成了冷暖对比的色调效果。画面的色彩不再杂乱，近地面的偏绿色也被消除，不再干扰视线。

接下来，我们通过另一个案例来讲解夜景摄影的其他要点。如图6-1-3所示的这张照片，同样存在之前提到的问题：色彩杂乱、透视问题以及存在大片“死黑”区域。针对这种情况，我们应该尽量恢复画面暗部的细节层次，以避免画面的影调过度变化，显得不够平滑，并且会损失较多细节。

图6-1-3

因此，我们提高“曝光”值，如图6-1-4所示。然而，提高“曝光”值后，会发现暗部出现了过多的噪点，并且与画面整体的风格不协调。

这时，我们可以考虑裁掉画面左侧大面积的区域，并修剪掉画面右侧不完整的塔，使画面主体更加清晰，如图6-1-5所示。

图6-1-4

图6-1-5

在提亮暗部之后，出现了太多的噪点，因此我们需要进行降噪处理，并协调画面的色彩。这样，我们就得到了一张色调统一、整体干净的照片，如图6-1-6所示。也就是说，在夜景摄影作品的后期处理中，追回高光和暗部的细节非常重要，细节层次要丰富。以及画面要清晰，画质要干净。

图6-1-6

STUDIO
CITY
STUDIO CITY

6.2 城市夜景照片处理流程与实战

本节我们将讲解一个城市夜景照片后期处理的综合案例。通过这个案例，我们可以总结和回顾之前所学的基础知识、调色知识以及影调控制理论等。调整前后的对比效果如图6-2-1和图6-2-2所示。

图6-2-1

图6-2-2

首先，将照片导入Camera Raw滤镜中，如图6-2-3所示。

图6-2-3

找到“光学”面板，勾选“删除色差”和“使用配置文件校正”，如图6-2-4所示。“删除色差”用于消除亮部与阴影交汇处高反差边缘的彩边。对于建筑类题材，勾选“使用配置文件校正”可以在一定程度上纠正处在画面边缘的建筑的几何变形。

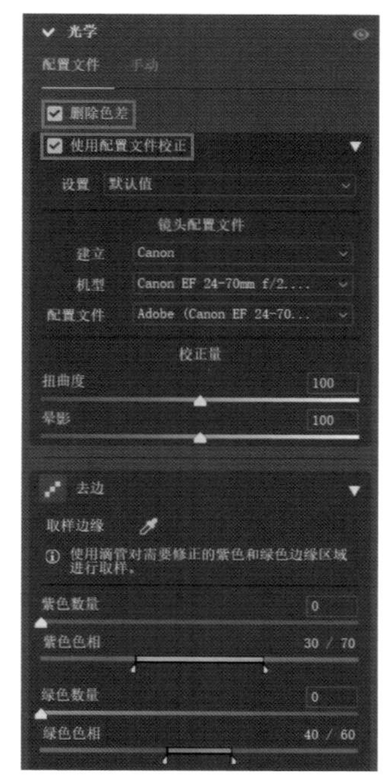

图6-2-4

回到“基本”面板，对画面的影调层次进行基本优化。这张照片的高光严重过曝，因此需要将“高光”的值降到最低。同时观察暗部，会发现很多区域的暗部细节层次无法清晰显示，因此需要提高“阴影”的值来恢复暗部的细节。另外，稍微增加一点“黑色”的值可以增加画面的透明感。当前的画面感觉不够清晰，边缘轮廓也不够锐利，所以可以适度提高“纹理”的值，以增强画面的细节，类似于锐化的效果。此外，调整“清晰度”可以强化景物边缘的清晰度。另外，“去除薄雾”是一种低频处理方法，可以去除大面积的灰雾效果。考虑到拍摄时空气不够通透，可以略微提高“去除薄雾”的值，如图6-2-5所示。

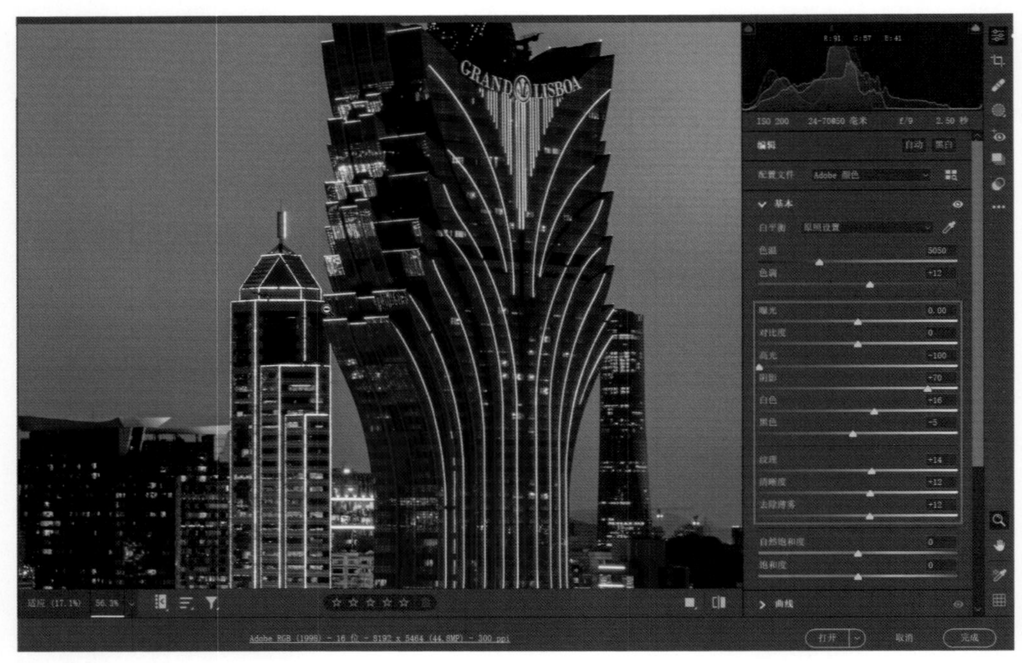

图6-2-5

需要留意的是，提高“清晰度”和“纹理”的值可能会增加画面的噪点。因此，在进行初步降噪处理时，可以切换到“细节”面板，调整“减少杂色”的数值，如图6-2-6所示。但要注意不要过度调整，否则可能导致画面模糊，从而使锐化失效。如果觉得照片仍不够清晰，可以进一步提高“锐化”的值。请注意，“锐化”会影响画面中的所有像素，对于天空这种不需要强化的区域，可以不进行“锐化”处理。

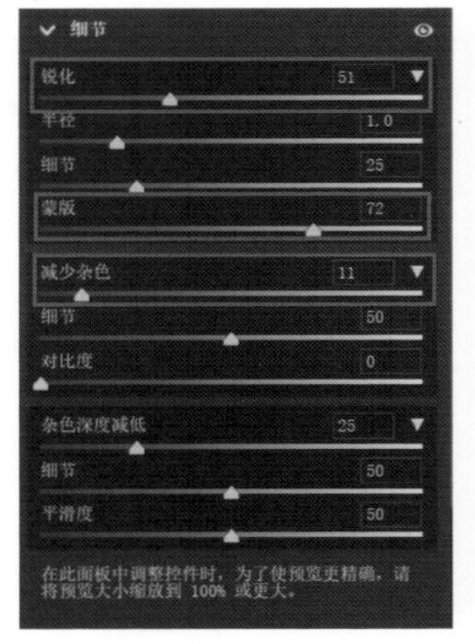

图6-2-6

当前我们已经完成了对照片的基本调整，接下来进行初步的调色处理。在调色时，我们需要注意观察画面的色彩分布。照片中有一些杂色，比如绿色和蓝色，但是很轻微，简单处理即可。在地景部分，近景的灯光主要是黄色，但也有一些蓝色灯光，混合后使得某些区域偏青、偏绿。我们先解决这部分色彩问题，打开“混色器”面板，降低“黄色”的色相值，如图6-2-7所示。

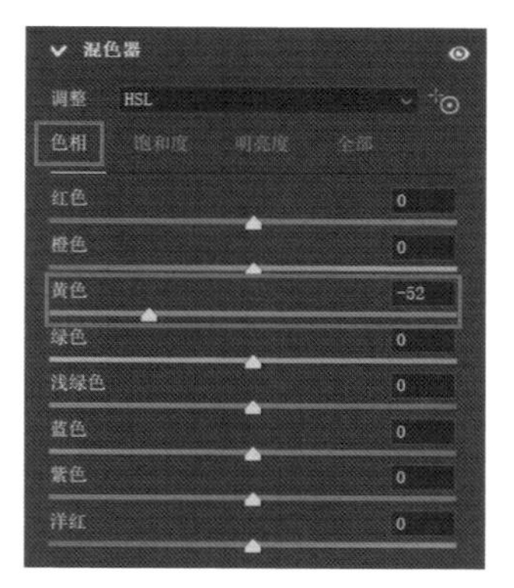

图6-2-7

找到“饱和度”面板，进一步调整，如图6-2-8所示。

图6-2-8

找到“校准”面板，提高“蓝原色”的饱和度，如图6-2-9所示，以增强画面的色感，但不要过度调整。

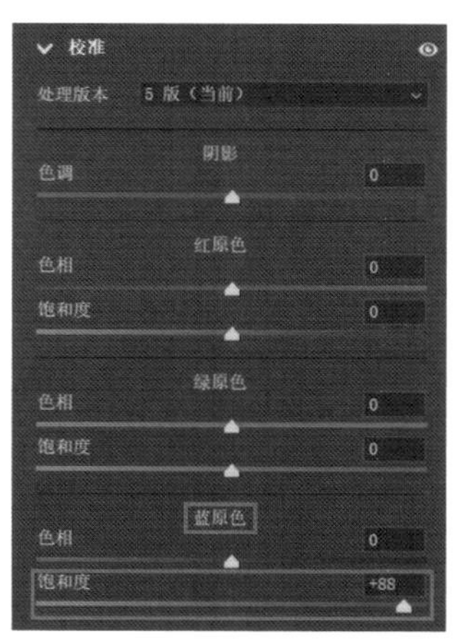

图6-2-9

调整完毕之后，将照片导入Photoshop界面中，如图6-2-10所示。

在使用Photoshop进行后期处理时，首先可以进行基本的影调处理和初步调色，然后进入精修阶段。在精修阶段，主要需要对影调进行重塑。针对这张照片来说，尽管是在日落时分拍摄的，但余晖仍然明显可见。可以将照片中右侧的余晖部分设定为亮面，突出主体建筑侧面的光线。同时，左侧的建筑可以适度增亮右侧面，以增强立体感。

单击“创建新的曲线调整图层”，创建一个曲线并将曲线进行提亮，如图6-2-11所示。

图6-2-10

图6-2-11

按键盘上的“Ctrl+I”组合键，隐藏提亮效果，如图6-2-12所示。

图6-2-12

接下来，使用“画笔工具”对照片进行调整，为了避免擦到天空部分造成画面失真，可以通过选择天空并进行反选保护天空部分，并对建筑的光面进行适当提亮。首先，单击“选择”菜单，选择“天空”，如图6-2-13所示。

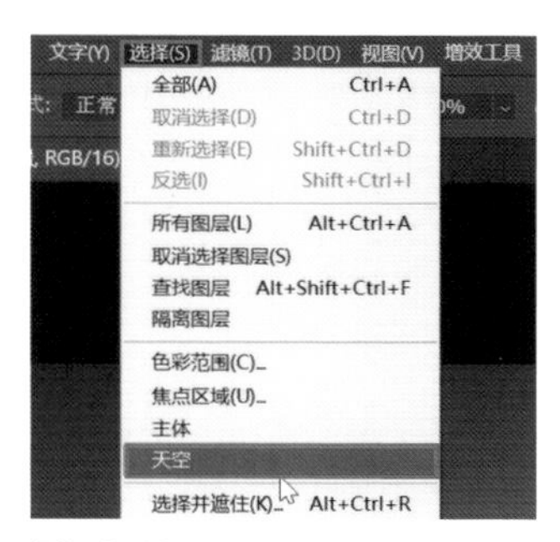

图6-2-13

如图6-2-14所示，此时已经将天空区域选中。

图6-2-14

再次单击“选择”菜单，选择“反选”，如图6-2-15所示。

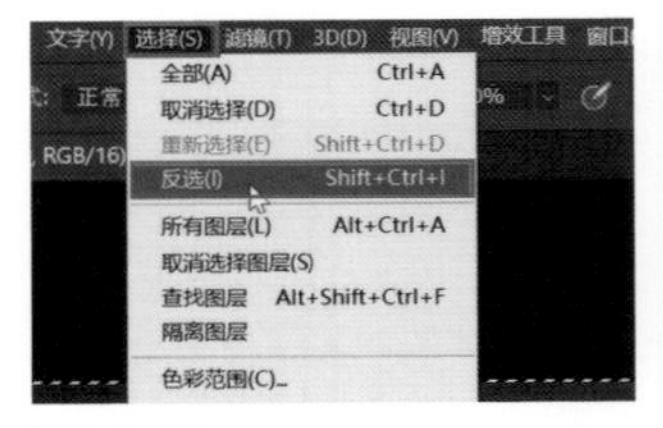

图6-2-15

反选之后，会将除了天空的部分选中，如图6-2-16所示。

选择“画笔工具”，前景色选择“白色”，调整画笔的大小，调整“不透明度”和“流量”，如图6-2-17所示，对建筑的灰面进行调整。

图6-2-16

图6-2-17

单击“创建新的曲线调整图层”，压暗曲线，如图6-2-18所示。压暗曲线的作用是压制一些背光的阴影面，因为现在一些阴影面的亮度相对较高，并且还有其他一些区域受到灯光照射变得很亮。正是因为这种亮度差异导致画面看起来杂乱无章，因此在一定程度上，我们可以对它们进行弱化处理。

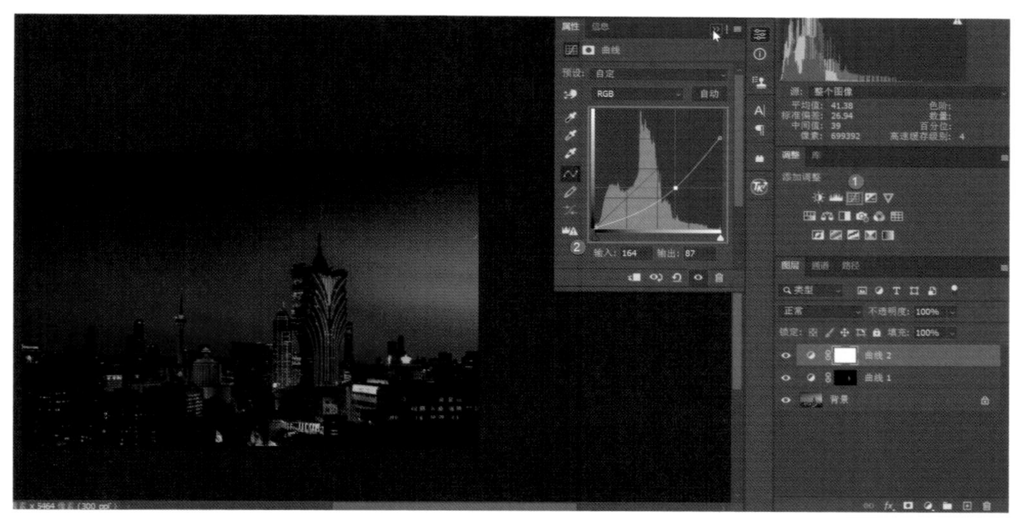

图6-2-18

利用快捷键“Ctrl+I”反向蒙版，然后再次利用“画笔工具”，将建筑物进行调整，如图6-2-19所示。在照片中，我们寻找一些背光面和被灯光照亮的区域，并对这些亮度较高的区域进行擦拭。此时，我们可以对比一下调整前后的效果。调整之前，光线比较混乱；而调整后，光线感觉更加规律、更自然，并且画面的地景部分也更显立体。这就是我们在后期调整中对影调进行重塑的意义所在。

图6-2-19

再次建立“曲线调整图层”，选择“红”通道，对曲线进行压暗处理，如图6-2-20所示。

调整到“绿”通道，适当提亮曲线，如图6-2-21所示。

图6-2-20

图6-2-21

利用快捷键“Ctrl+I”进行反相，如图6-2-22所示。

按住键盘上的“Ctrl”键，并单击蒙版图层，这样可以将蒙版加载到选区中，如图6-2-23所示。在某种程度上，蒙版也可以看作是选区的一部分。

图6-2-22

图6-2-23

在将蒙版加载到选区之后，我们可以再次创建调整图层，例如创建一个“色相/饱和度”调整图层，单击“图层”面板中的“创建新的填充或调整图层”，如图6-2-24所示。

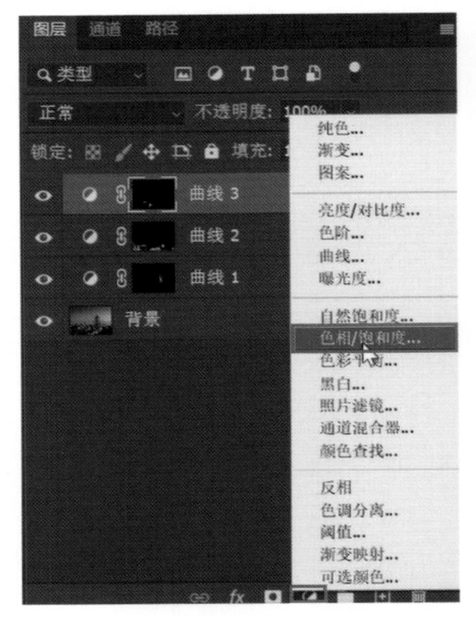

图6-2-24

在“色相/饱和度”的属性面板中，将“饱和度”降低，同时向右拖动“色相”的滑块，如图6-2-25所示。

图6-2-25

最后，我们要使色彩更加协调。通过对影调和色彩进行调整，整体画面的对比度和反差会变得较低。在这种情况下，我们通常可以选择中间调来加强对比度。由于高光部分已经很亮，阴影部分也已经很暗，我们只需增加中间调的对比度，整个画面就会更加透明。在这里，我们可以借助亮度蒙版插件“TK7 RapidMask”，直接选择照片中的中间调。

单击“TK7 RapidMask”，单击左下角的折叠菜单，将其展开。选择“Levels”（色阶），当然也可以使用“Curves”（曲线）等其他选项，如图6-2-26所示。

图6-2-26

进入“色阶”面板，向右拖动滑块，这样可以增加中间调的对比度。还可以调整白色和黑色滑块，进一步增强画面的反差，如图6-2-27所示。

图6-2-27

仔细观察，会发现这张照片仍然存在问题，即暗部的色彩太浓，导致整张照片给人一种色彩过于喧闹的感觉。再次展开“TK7 RapidMask”，如图6-2-28所示，并选择阴影部分。选择了阴影部分后，可以看到地景中的一些阴影区域已经被选择了出来。

图6-2-28

然后，单击折叠菜单并选择“Hue/Saturation”（色相/饱和度），如图6-2-29所示。

图6-2-29

进入“色相/饱和度”的属性面板，如图6-2-30所示，降低“饱和度”，让画面的色彩分布更加合理。这样，对这张照片的后期处理就初步完成了。

图6-2-30

实际上还存在许多问题，例如当前照片的天空区域过大，显得有些空旷。另外，画面左侧的区域也显得乏味，导致画面不够紧凑。为了解决这个问题，我们可以使用“裁剪工具”对画面进行简单的裁剪，使整体画面更加紧凑且构图更加合理，如图6-2-31所示。通过裁剪，我们可以调整画面的组成，使天空和左侧区域占据适当的位置，从而创造更吸引人的画面效果。

建筑物的上方有一片区域不够清晰，我们可以创建一个“曲线调整图层”，稍微提亮这个部分，使其更加清晰，如图6-2-32所示。这样可以提高整体画面的质量和观赏性。

文件(F) 编辑(E) 图像(I) 图层(L) 文字(Y) 选择(S) 滤镜(T) 3D(D) 视图(V) 增效工具 窗口(W) 帮助(H)
比例
清除
拉直
删除裁剪的像素
5J2A6108.CR3 @ 16.7% (裁剪预览, RGB/8) *
W：7868 像素

图6-2-31

属性 信息
曲线
预设：自定
RGB
自动
输入：140
输出：188

图6-2-32

接下来，对蒙版进行反相，如图6-2-33所示。

再次创建一个“曲线调整图层”，以增强画面的反差，如图6-2-34所示。

图6-2-33

图6-2-34

盖印一个图层，选中“色相/饱和度1”图层，降低“蓝色”的饱和度，如图6-2-35所示，然后选择“画笔工具”，将前景色选择为“白色”，然后对照片中暗的部分进行擦拭。

图6-2-35

将刚刚盖印的图层删除，新盖印一个图层，如图6-2-36所示。

图6-2-36

最后，我们可以对画面进行降噪处理。单击“滤镜”菜单，选择“Nik Collection”中的“Dfine 2”，如图6-2-37所示。

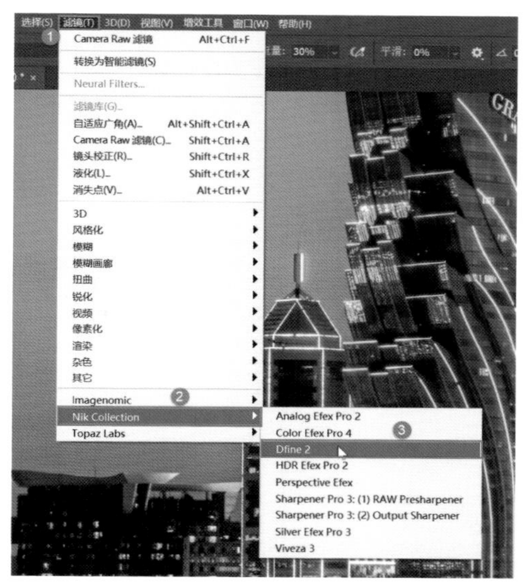

图6-2-37

通过降噪处理，我们可以看到天空区域变得更加清晰，建筑部分也同样如此，如图6-2-38所示。

图6-2-38

右键单击图层空白处，选择“拼合图像”。接下来，我们对图片进行保存。单击“图像”菜单，选择“模式”，选择“8位/通道”，如图6-2-39所示。

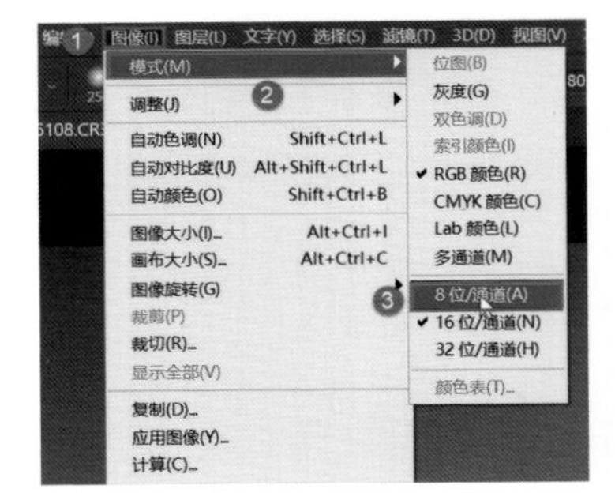

图6-2-39

单击“编辑”菜单，选择“转换为配置文件”，如图6-2-40所示。

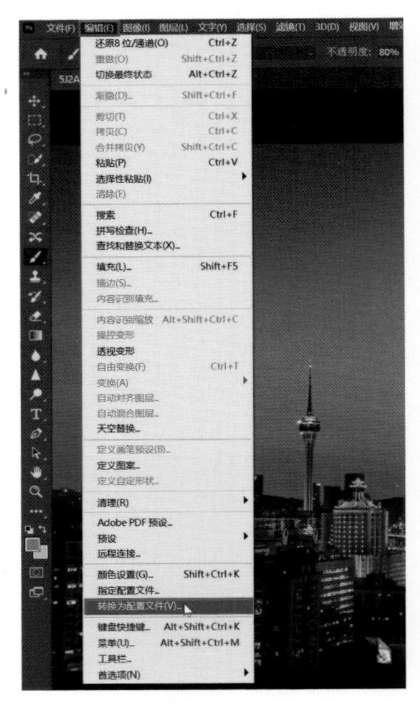

图6-2-40

弹出“转换为配置文件”对话框，配置文件选择“sRGB IEC61966-2.1”，如图6-2-41所示，单击“确定”。

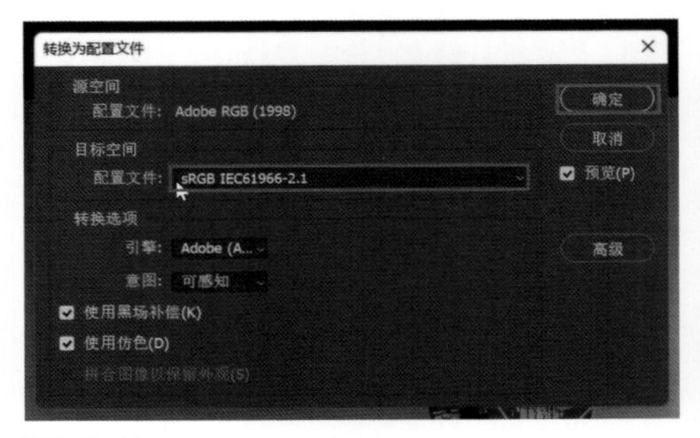

图6-2-41

单击“图像”菜单，选择“图像大小”，如图6-2-42所示。

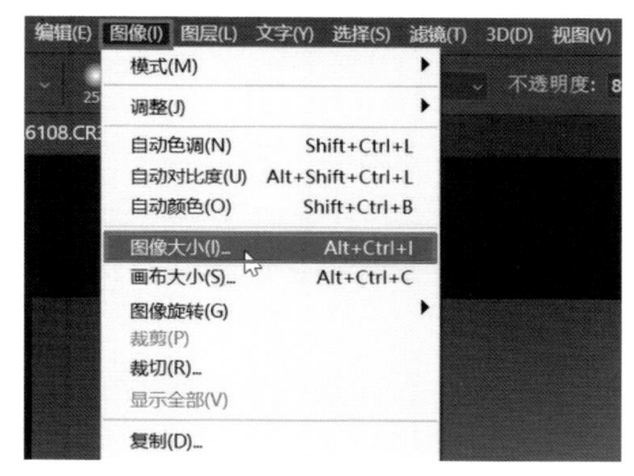

图6-2-42

在弹出的“图像大小”对话框中，可以自定义图像的宽度和高度，如图6-2-43所示。

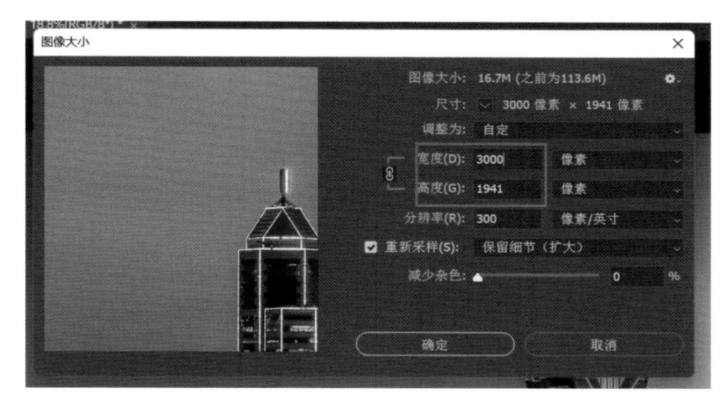

图6-2-43

单击“文件”菜单，选择“存储为”，如图6-2-44所示。

图6-2-44

保存类型选择“JPEG”格式，然后单击“保存”，如图6-2-45所示。

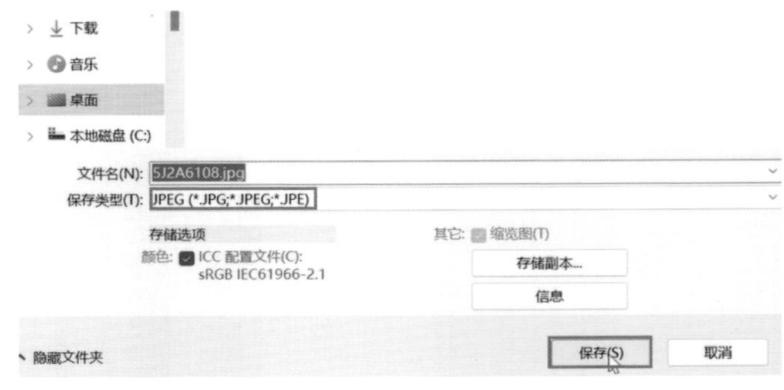

图6-2-45

在弹出的“JPEG选项”对话框中，将品质设置为“11”，单击“确定”，将照片进行保存，如图6-2-46所示。

图6-2-46

6.3 星空摄影作品的后期处理要点

本节我们来介绍夜景摄影中另一个非常重要的题材——星空摄影，以及其后期处理的要点。调整前后的对比效果如图6-3-1和图6-3-2所示。

图6-3-1

图6-3-2

观察后我们可以发现，银河已经清晰地呈现了出来。对于缺乏拍摄经验的人来说，这张照片可能已经很好了，整体画面也比较干净。然而，根据摄影最基本的审美要求，照片的细节必须完整。

首先，在当前的画面中，地景过于暗淡，无法呈现足够多的细节信息，所以需要增加地景的亮度。其次，银河的纹理也不够清晰，视觉冲击力不够强烈。因此在后期处理时，我们要先恢复地景的细节，再增强银河的纹理。

如图6-3-3所示，这是一张经过处理的照片，但仍存在问题。画面左侧的光污染比较明显，画面中的噪点也比较多，所以我们需要解决光污染和噪点问题。

图6-3-3

处理后，我们可以看到，画面左侧的光污染得到了改善，银河的表现力进一步增强。然而，当我们放大照片查看银河的中心位置时，可以看到仍然存在噪点。因此，为了达到更完美的效果，我们需要在ACR或Photoshop中进行降噪处理，这样可以帮助我们提升照片的质量，让整体画面效果较为细腻、明亮。

6.4 星轨照片的后期制作准备

本节我们将介绍利用堆栈法拍摄星轨的技巧。在了解了多曝法和拍星轨的原理之后，我们可以很容易地理解如何利用堆栈法拍摄星轨。我们通常要设定2分钟、5分钟甚至10分钟的单次曝光时长，然后进行多次曝光合成，从而得到长曝光的星轨效果。而堆栈则是将多重曝光的每一次拍摄时长缩短，比如缩短到30秒以内，并进行大量连拍，可能要拍摄几百张照片。这样，在两、三个小时内就可以拍摄几百张照片。最后，在Photoshop中对这几百张照片进行堆栈合成，从而得到星轨的效果。多重曝光是在相机内合成，而堆栈则需要在后期软件中进行合成，因此对摄影师的后期处理能力有一定要求，这是堆栈与多曝法最基本的不同之处。合成前后的效果如图6-4-1和图6-4-2所示。

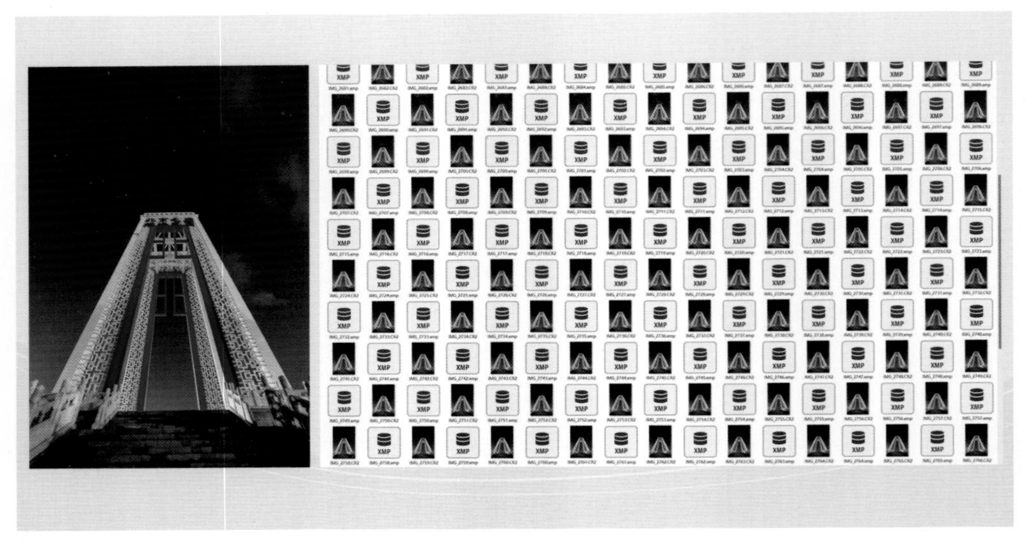

图6-4-1

另外，利用堆栈法拍摄星轨还有很多好处。第一个好处是一次拍摄可以有两种用途，既可以堆栈出星轨照片，也可以制作星空的延时视频。第二个好处是无论天空和地面是否出现干扰物，我们都可以在后期处理时将其消除掉。第三个好处是最后的照片几乎没有任何噪点，这是由于持续的连拍和后期堆栈处理可以有效消除照片的噪点。

总体而言，堆栈法非常适合数码相机拍摄星轨照片，因此，这种方法也被广泛接受，是当前最流行的星轨拍摄方法。

图6-4-2

6.5 星轨照片的后期制作技巧

本节我们将讲解利用堆栈法拍摄星轨的后期制作技巧。首先，我们来看一下原照片，如图6-5-1所示，这是拍摄的原始素材。制作好之后的星轨效果如图6-5-2所示，画面比较理想，星轨的长度也比较适中。

图6-5-1

图6-5-2

在进行后期处理之前，需要对拍摄的原始素材进行批量处理。处理包括对每张素材进行统一的明暗、色彩和尺寸处理。由于拍摄时设置的是RAW格式文件，因此在批量处理时需要将其转换为JPEG格式。处理完成后，将输出的JPEG格式照片保存到一个单独的文件夹中，即堆栈文件夹。

在批量处理素材时，需要注意不要过度处理。因为在完成星轨的堆栈之后，还可以对星轨照片进行二次处理。过度处理可能会导致最终效果不理想。

单击“文件”菜单，选择“脚本”，选择“统计”，如图6-5-3所示。

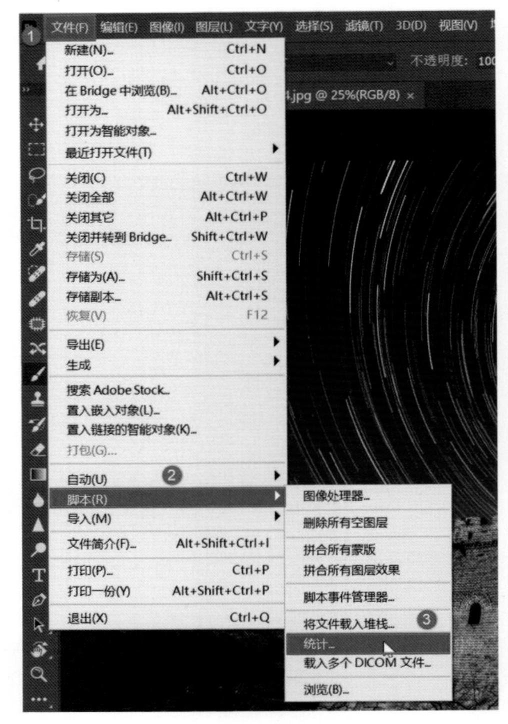

图6-5-3

在弹出的“图像统计”对话框中，“选择堆栈模式”调整为“最大值”，将堆栈文件夹中的照片导入，如图6-5-4所示，然后单击“确定”。

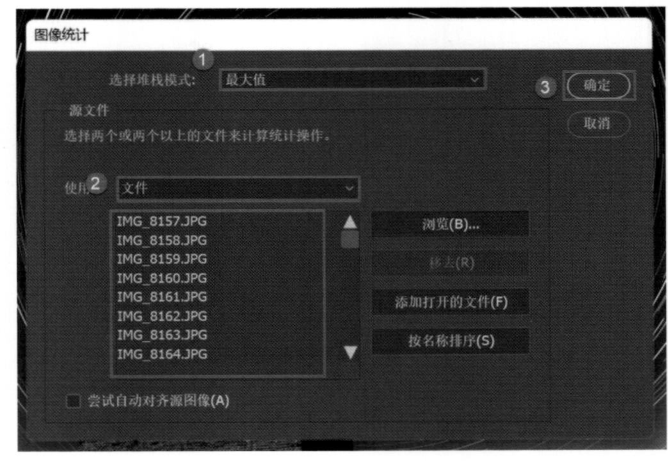

图6-5-4

最大值堆栈实际上是通过提取每个位置上最亮的像素，将所有图层叠加在一起，从而形成星轨效果。堆栈之后的效果如图6-5-5所示。

图6-5-5

调整完毕之后，选择“拼合图像”，如图6-5-6所示。最后，将照片进行保存即可。

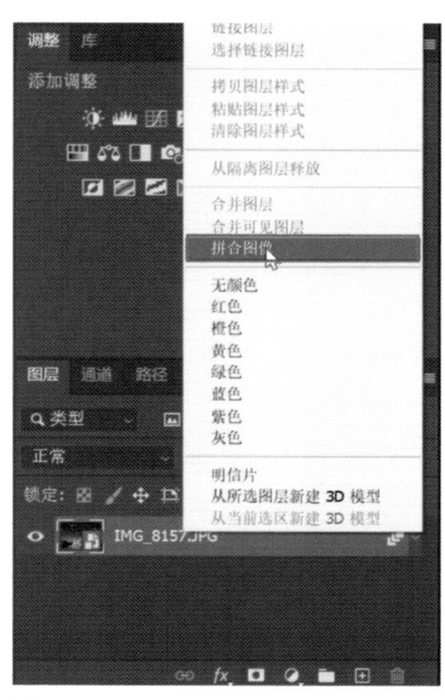

图6-5-6

6.6 星轨照片的后期制作技巧——分段堆栈

本节我们将讲解分段堆栈制作星轨的技巧。实际上，分段堆栈与普通堆栈是一样的，只是我们要分步进行。这样做有什么好处呢？当我们对几百张照片同时进行堆栈时，如果单张照片的尺寸是原尺寸，那么运算的数据量非常大。如果你的计算机性能不够，就无法很快地完成照片的堆栈，并且有可能会导致软件卡顿，无法完成堆栈，而分段堆栈就可以很好地解决这个问题。

假如我们有144个项目，同时一次性堆栈这144张照片，计算机的负担是比较重的。所以，我们想出一个方法，就是把这些照片进行分组，每一组有40张左右的照片，如图6-6-1所示。先对一组照片进行堆栈，然后分别再对第二组照片、第三组照片进行堆栈，堆栈出3张小的星轨照片，如图6-6-2所示。最后，我们再对这3张小的星轨照片进行一次总的堆栈。

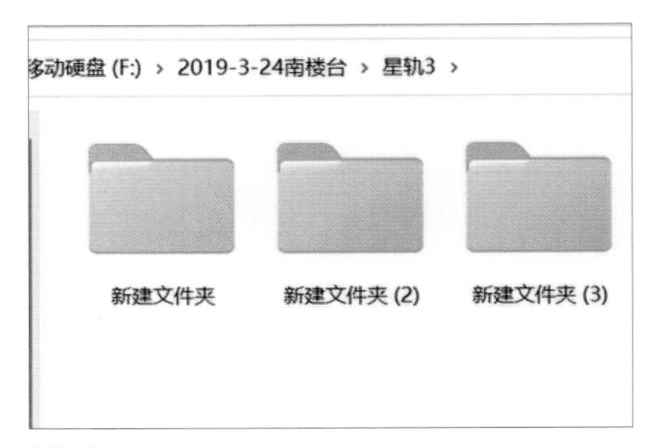

图6-6-1

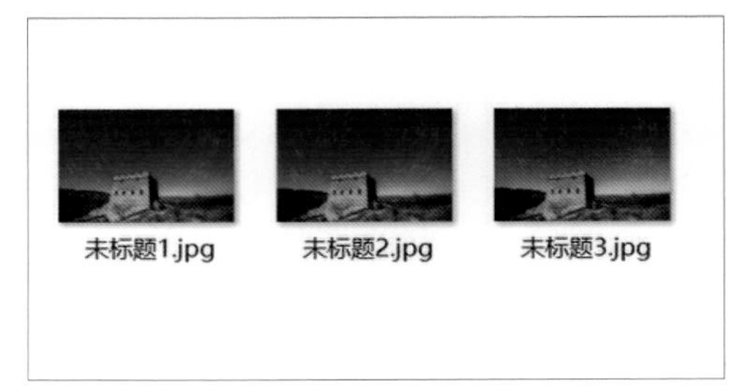

图6-6-2

这样，我们就把整体堆栈切割成了一个个的环节，降低了计算机和软件的负担，即便我们使用低性能的计算机，也可以完成很大数据量的堆栈。这是分段堆栈的原理。可以看到，每次堆栈完都是一个比较小的星轨照片。那么最后，我们就可以进行一个总的堆栈，只要保证我们的堆栈都是最大值堆栈就可以了。在“图像统计”对话框中，堆栈模式选择“最大值”，将3张堆栈的照片导入，如图6-6-3所示，然后单击“确定”。

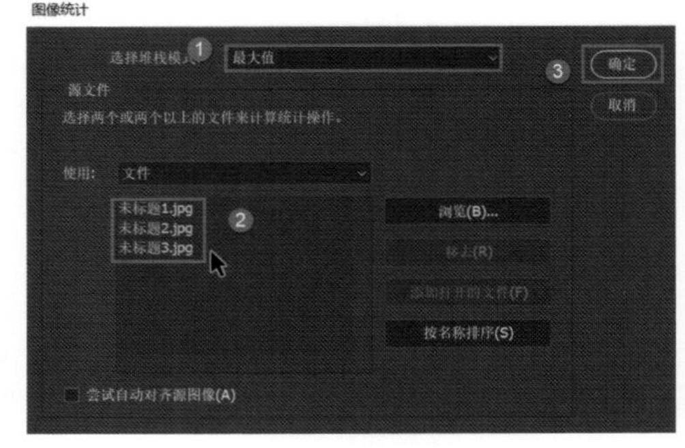

图6-6-3

堆栈之后的效果如图6-6-4所示。可以看到，这张分段堆栈形成的星轨照片效果和一次性堆栈的效果是完全一样的。分段堆栈可以在计算机性能较低的情况下完成比较理想的堆栈效果，这就是分段堆栈制作星轨照片的技巧。

图6-6-4

6.7 单片制作星轨照片的技巧

本节我们将讲解如何使用单张星空素材制作星轨画面。这一方法非常简单，只需要在室外拍摄一张静态的星空照片，然后在后期软件中使用“半岛雪人”插件，就可以快速、轻松地制作出星轨效果。处理前后的对比效果如图6-7-1和图6-7-2所示。

图6-7-1

图6-7-2

将照片导入Camera Raw滤镜中，如图6-7-3所示。我们可以观察到当前天空中存在暗角，并且周围有航班轨迹。首先，切换到“镜头校正”面板，勾选“删除色差”和“使用配置文件校正”选项来修复暗角，如图6-7-4所示。需要注意的是，尽管新版本的ACR可能对一些功能名称进行了更改，但这些功能的原理仍然是相同的，即删除色差和使用配置文件校正。

图6-7-3

图6-7-4

找到“基本”面板，对照片的“亮度”“对比度”和“色彩”进行基础调整。降低“高光”值和“曝光”值，可以使画面更柔和，提亮“阴影”可以恢复一些暗部的细节层次，如图6-7-5所示。在进行基础处理时，需要注意不要进行过大幅度的调整，否则可能导致画面失真、噪点加重或锐度过高等问题。

进行基础调整后，我们使用“污点修复工具”将天空中的航班痕迹修掉，如图6-7-6所示。

图6-7-5

图6-7-6

接着，我们进入“镜头校正”选项，调整“晕影”，如图6-7-7所示，稍微调整一下阴影和四周。然后，单击照片下方的“工作流程选项”。

进入“工作流程选项”对话框后，在其中，调整图像大小并勾选“调整大小以适合”，将长边设定为3000像素，如图6-7-8所示，这样可以适当缩小照片的像素，减少后续处理的数据量。最后，单击“确定”确认设置。

图6-7-7

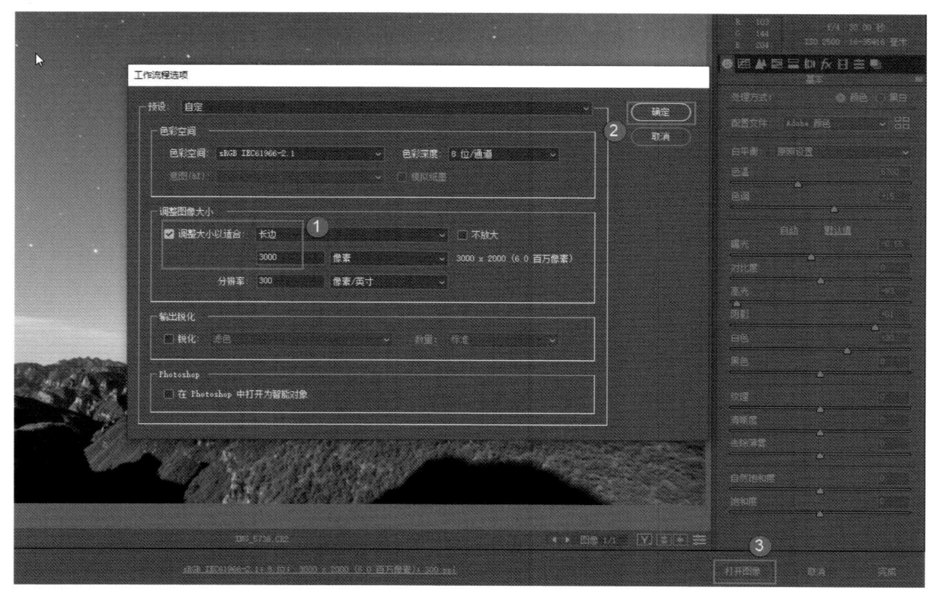

图6-7-8

打开Photoshop软件，并使用它打开照片。在照片打开后，我们准备创建新的轨迹效果。初始状态下，照片只有一个图层。我们可以使用键盘上的“Ctrl+J”组合键来持续复制图层。这里我们复制了50个图层，也就是上下共有50个完全相同的星空素材图层，如图6-7-9所示。

图6-7-9

然后，我们需要展开信息面板。展开信息面板后，在画面中找到我们想定位为北极星的位置。将鼠标移动到该位置后，在信息面板中会显示该位置的坐标，如图6-7-10所示，请记住这个坐标，它是X轴为1107，Y轴为644的位置。记住这个坐标后，我们可以继续下一步操作。

图6-7-10

打开“半岛雪人”插件，选择“堆栈”，在上方选择“堆栈”模式，下方选择“快速”选项。接下来，在最下方的锚点坐标中输入我们之前记下的作为星轨圆心的坐标，横轴为1107，纵轴为644。另外，设置旋转角度一般为0.15或0.2，如图6-7-11所示。这里的旋转角度指的是每张照片旋转的角度。如果角度设置过大，生成的星轨会不连续。在上方的“选项”中，重点是要激活旋转选项，这样我们可以通过照片旋转来得到新的星轨效果。单击中间的“最大值”选项，我们之前已经解释过最大值的原理，它可以提取所有图层中特定像素位置最亮的点，并将其呈现在最终的画面中，这样才能生成星轨效果。

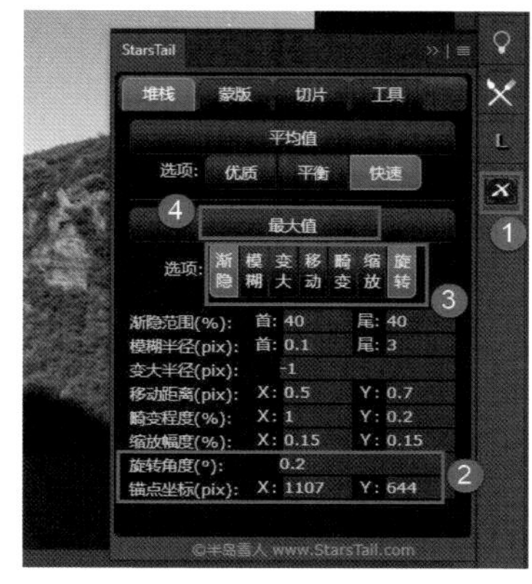

图6-7-11

在单击“最大值”后，软件就会开始进行堆栈操作，这个过程可能会比较长而且画面会处于静止状态。如果你担心出现软件卡死或计算机死机的情况，你需要留意Photoshop界面右上角直方图下方的一组参数，如图6-7-12所示。这些参数会在软件运行的过程中不断变化，因为不同照片的计算会导致参数的变动。经过一段时间的等待，你就能看到生成的新的星轨效果。

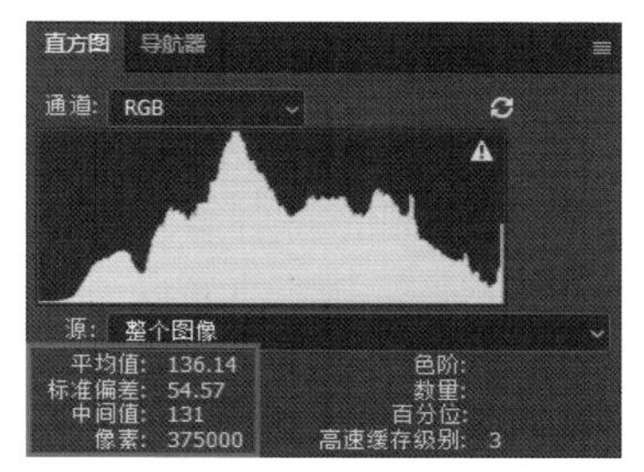

图6-7-12

此时，我们需要注意以下几点：可以按下键盘上的“Ctrl+J”组合键来复制一个图层，如图6-7-13所示。请注意，要再复制一个图层出来。因为这个图层将用于后续的地景效果处理。

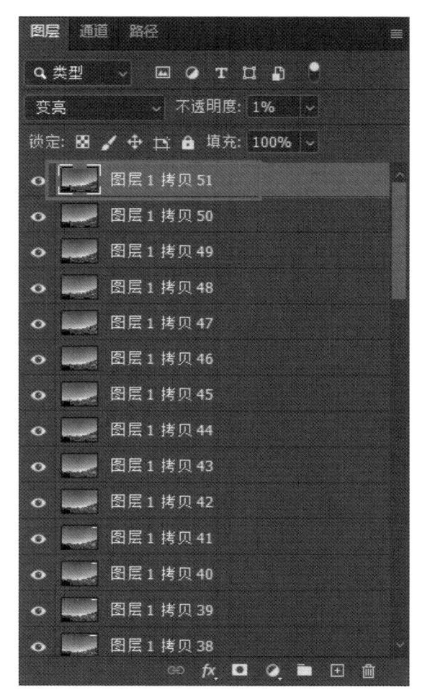

图6-7-13

在下方的图层中，选中50个图层时可以按住“Shift”键，然后单击最上方的图层来复制选中的这50个图层。接着，保持按住“Shift”键的状态，向下拖动，然后再单击最下方的背景图层来选中下方的这50个图层。之后，右键单击鼠标，在弹出的菜单中选择“合并图层”，如图6-7-14所示，将下方的这些图层与其他图层进行合并。这样最终会生成两个图层。

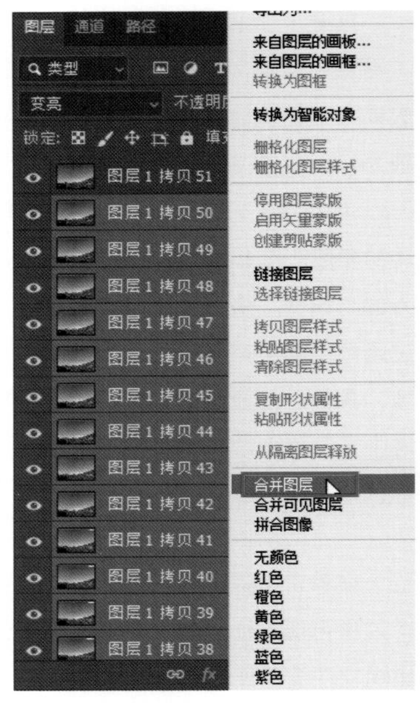

图6-7-14

首先，选中上方的图层，将其混合模式设置为“正常”，并将不透明度恢复到“100%”，如图6-7-15所示。复制后会发现，该插件主要通过改变上下多个图层的不透明度和混合模式来实现星轨效果，它指导着Photoshop进行相应的处理。

图6-7-15

那么上方的图层有什么作用呢？可以看到下方的图层经过旋转后变得模糊，我们需要使用上方图层的景物来遮挡下方图层的景物，如图6-7-16所示。在工具栏中选择“快速选择工具”，将下方图层的景物选中，然后单击“添加蒙版”，这样就可以为上方图层添加一个蒙版，显示出上方图层的地景，并将上方图层的天空遮挡住，露出了下方图层的天空。可以看到，新轨迹的效果被展示出来了，如图6-7-17所示。

图6-7-16

图6-7-17

由于每张照片逐渐旋转的原因，边缘可能会有些模糊。在初步完成星轨合成后，我们可以进行调整。接下来，我们将简单地调整边缘。首先，在“图层”面板中单击并选择我们已经合成的星轨图层，然后单击“编辑”菜单，选择“自由变换”，如图6-7-18所示，或者直接按下键盘上的“Ctrl”+“T”组合键。

图6-7-18

我们对下方的图层进行缩放，将一些暴露的区域拖动到画面之外。这样，我们就保留了正常的星轨区域，如图6-7-19所示。至此，我们就完成了星轨的合成。完成后，按下键盘上的“Enter”键。

图6-7-19

最后，我们创建一个曲线调整图层，整体调整下画面的色调和层次，如图6-7-20所示。这样，我们就可以得到比较理想的合成后的星轨效果。在制作星轨时，需要借助“半岛雪人”插件。请注意，这个插件可能需要付费购买。

图6-7-20

6.8 星空照片的后期处理流程与实战

本节我们将通过一张银河照片，来回顾和总结之前所讲的星空照片后期处理技巧，帮助大家提升星空照片后期处理的能力。调整前后的对比效果如图6-8-1和图6-8-2所示。

图6-8-1

图6-8-2

首先，将照片导入Camera Raw滤镜中，如图6-8-3所示。

进入到“基本”面板，对照片的影调进行调整，然后增加“纹理”值，增加“清晰度”，增加“去除薄雾”，如图6-8-4所示。

图6-8-3

图6-8-4

进入“光学”面板，勾选“删除色差”和“使用配置文件”，如图6-8-5所示。

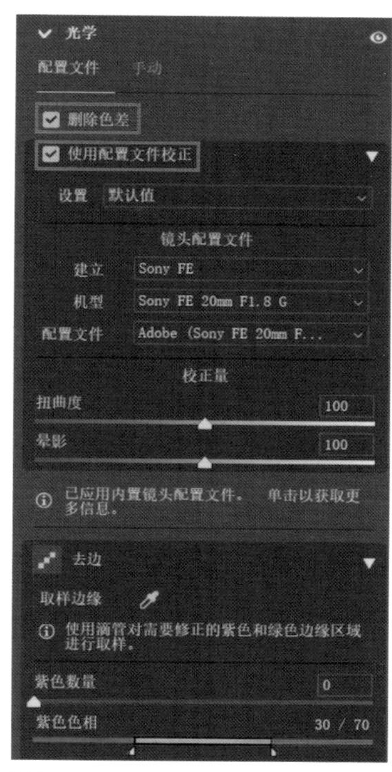

图6-8-5

根据照片的特点，我们可以对天空的“自然饱和度”略微增加。单击“蒙版”，选择“天空”，如图6-8-6所示。

图6-8-6

单击“反转此蒙版组件的选定区域”，将地景部分选中，降低“饱和度”，如图6-8-7所示。

图6-8-7

进入到“细节”面板，增加“明亮度”，并对照片进行简单的降噪处理，如图6-8-8所示，然后单击“打开”，将照片导入Photoshop界面中，如图6-8-9所示。

图6-8-8

图6-8-9

利用快捷键“Ctrl+J”复制一个新的图层，如图6-8-10所示。

图6-8-10

单击“选择”菜单，选择“色彩范围”，如图6-8-11所示。

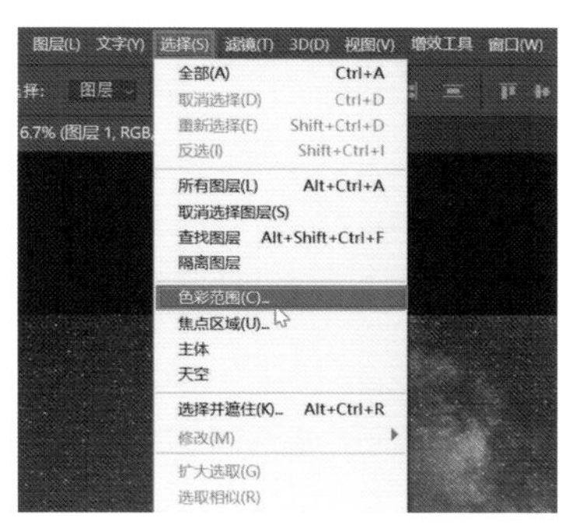

图6-8-11

在弹出的“色彩范围”的对话框中，调整“范围”的大小，如图6-8-12所示，调整完毕之后，单击“确定”。

图6-8-12

确定之后的效果如图6-8-13所示，将星星的选区进行选中。

图6-8-13

由于选区太小，我们需要扩大选区，单击“选择”菜单，选择“修改”，选择“扩展”，如图6-8-14所示。

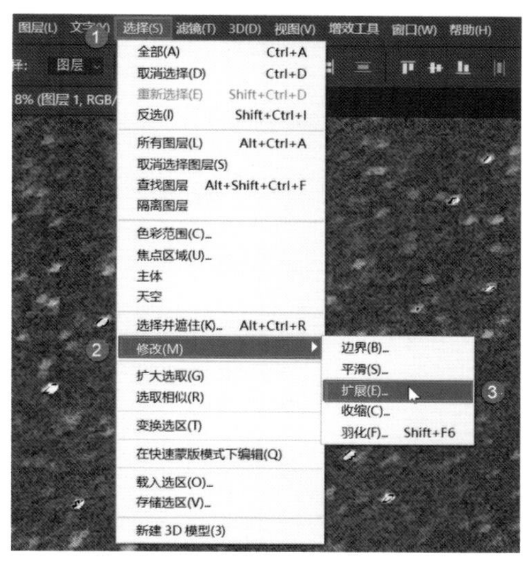

图6-8-14

在弹出的“扩展选区”对话框中，调整“扩展量”，这里我们需要将“扩展量”调整至“2”像素，如图6-8-15所示。

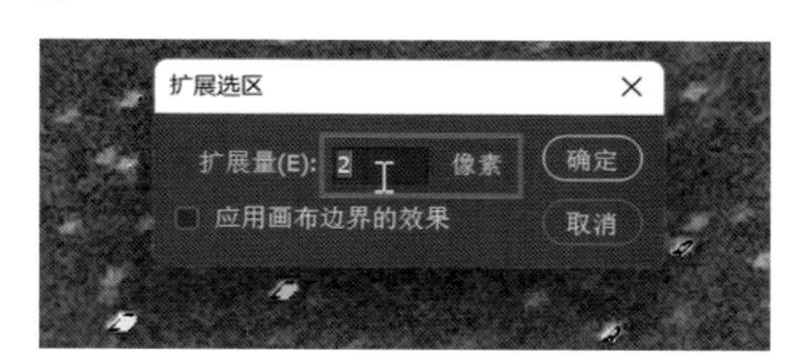

图6-8-15

单击“滤镜”菜单，选择“其他”，选择“最小值”，如图6-8-16所示。

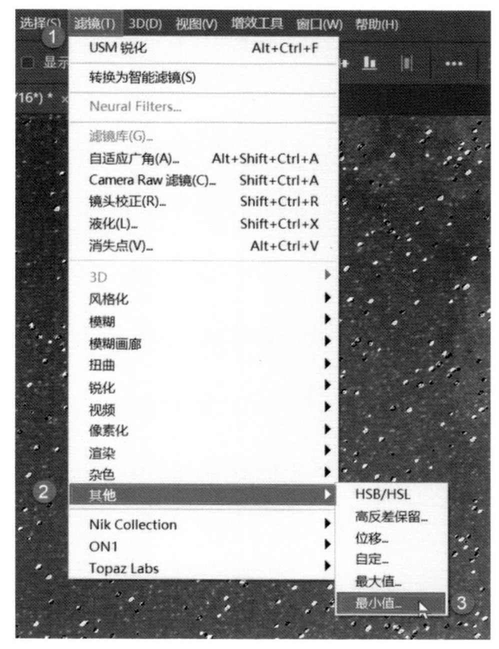

图6-8-16

在弹出的“最小值”的对话框中，调整半径的大小，如图6-8-17所示，调整完毕单击“确定”。调整之后的效果如图6-8-18所示。

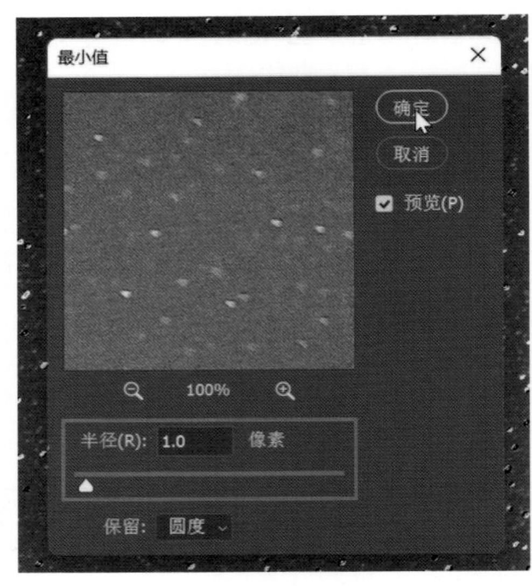

图6-8-17

图6-8-18

右键单击图层空白处，选择“拼合图像”，然后单击“滤镜”，在菜单中选择“Nik Collection”，选择“Color Efex Pro4”，如图6-8-19所示。

进入“Color Efex Pro4”界面，使用“淡对比度”和“天光镜”，并调整控制点的位置，如图6-8-20所示，调整完毕之后，单击“确定”。

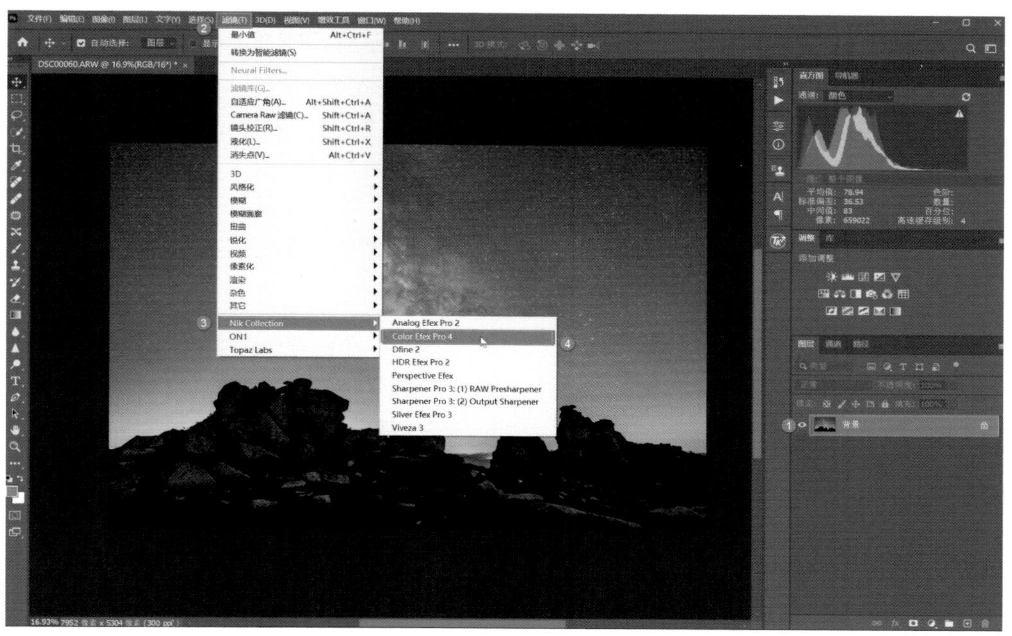

图6-8-19

图6-8-20

将图层的“不透明度”调整至“79%”，效果如图6-8-21所示。

右键单击图层空白处，选择“拼合图像”，然后创建一个新的曲线调整图层，选择“蓝”通道，并提升曲线，如图6-8-22所示。

图6-8-21

图6-8-22

按下键盘上的“Ctrl+I”组合键，进行反相，如图6-8-23所示。

选择“画笔工具”，将前景色设置为“黑色”，并调整画笔的大小，对照片中的星星进行调整，如图6-8-24所示。

图6-8-23

图6-8-24

选择“绿”通道，并压低曲线，如图6-8-25所示。

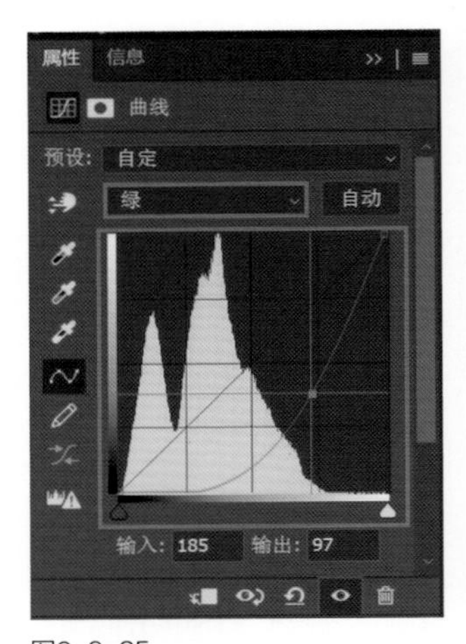

图6-8-25

选择“RGB”通道，并提升曲线，如图6-8-26所示。

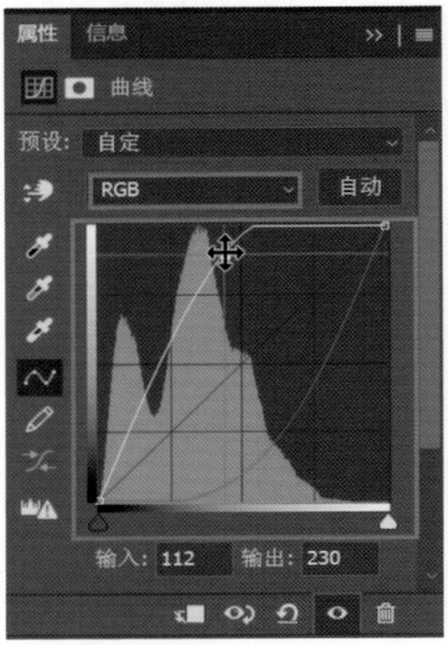

图6-8-26

对“蓝”通道进行调整，适当压低曲线，如图6-8-27所示。

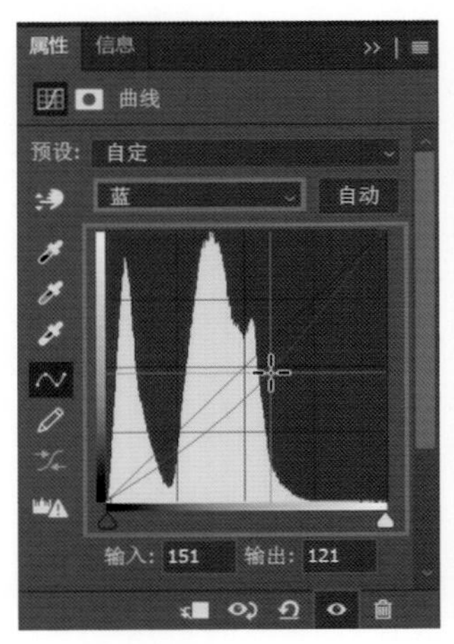

图6-8-27

然后，我们可以对该蒙版进行反相操作，在一些星宿的周围进行涂抹，以恢复星宿的颜色。同样地，对于星宿周围存在红色星云的问题，我们可以再次降低“不透明度”到“8%”，“流量”到“20%”，然后在该区域进行涂抹，如图6-8-28所示。

图6-8-28

我们可以创建一个“曲线调整图层”，并增加一些黄色，进行反向调整。交互星云、三叶星云以及其他一些偏红的星云，可以单击选中“曲线2”调整图层。由于该图层增加了红色，我们可以缩小画笔直径，并将画笔的“不透明度”调整到“15%”，在这些位置进行涂抹操作。对于存在红色星云的位置，可以依次进行强化，如图6-8-29所示。

接下来，我们对星河进行调整。再次创建一个“曲线调整图层”，并压暗曲线，如图6-8-30所示。

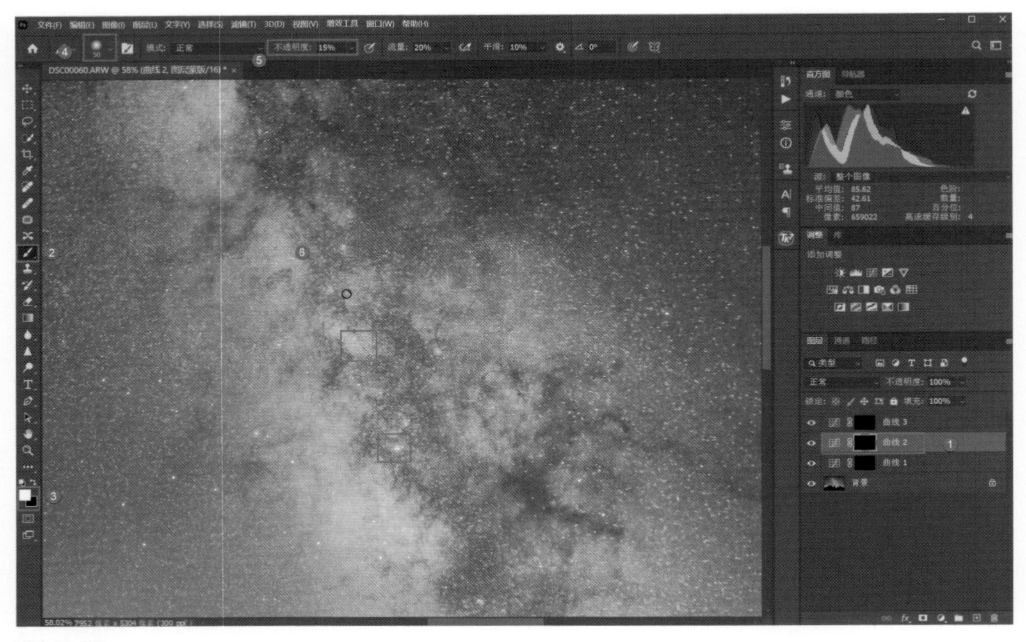

图6-8-29

图6-8-30

对蒙版进行反相操作，然后利用“画笔工具”，擦拭星河区域，如图6-8-31所示。

拼合图像，创建一个新的图层，利用快捷键“Ctrl+T”激活自由变换，如图6-8-32所示，然后用鼠标拖动控制点向下拉伸。

图6-8-31

图6-8-32

隐藏“图层1”的效果，选中“背景”图层，单击“选择”菜单，选择“天空”，如图6-8-33所示，选择天空的效果如图6-8-34所示。

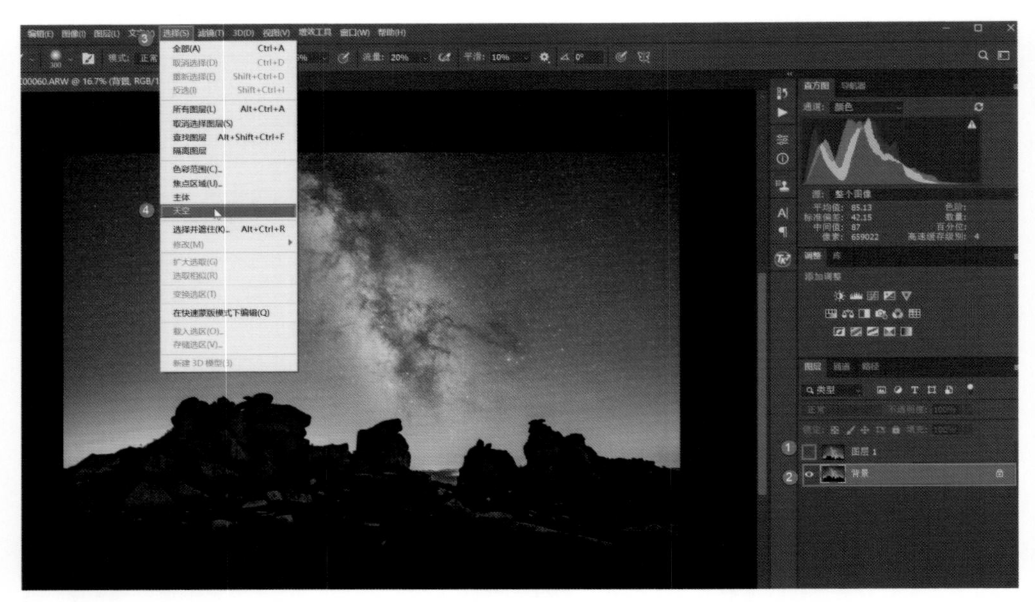

图6-8-33

图6-8-34

将“图层1”显示，并为其添加蒙版，如图6-8-35所示。

图6-8-35

选择“渐变工具”，将前景色设置为“黑色”，选择“径向渐变”，来实现只保留靠近地面部分的遮挡效果，快速擦掉上方的区域，如图6-8-36所示。这样就能消除对银河的遮挡，对于靠近地平线的位置，我们可以使用画笔进行擦拭操作，如图6-8-37所示。

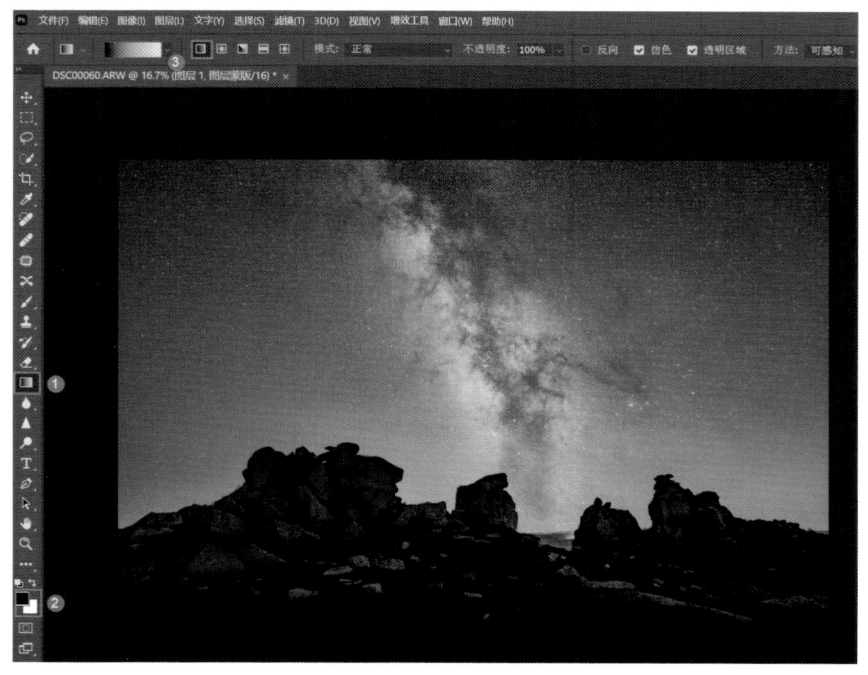

图6-8-36

图6-8-37

经过简单的处理，我们可以发现光污染问题基本上得到了解决。这样一来，照片的初步处理就完成了。最后，我们可以再次拼合图像，并创建一条曲线来增强画面的对比度，如图6-8-38所示，使整体画面更加透明。然后，再次拼合图像。

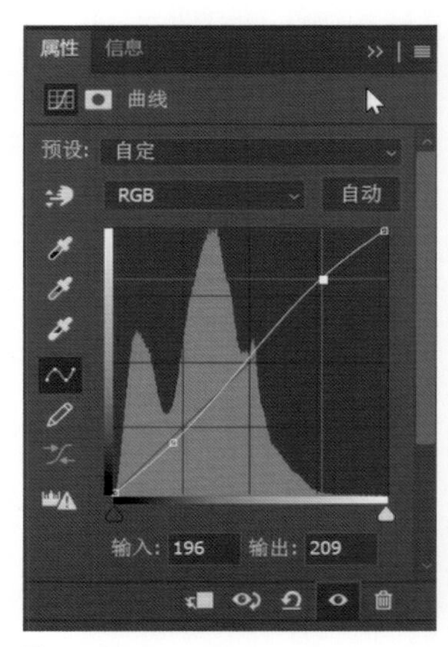

图6-8-38

6.9 用ACR的AI降噪功能处理星空照片

本节我们将讲解如何利用ACR的最新功能，特别是借助AI降噪功能，对照片进行更完美的降噪处理。这项降噪功能是针对RAW格式进行的，它能生成一个新的RAW格式文件，并消除几乎所有的噪点。降噪后，我们可以在后期处理时获得更好的画质，后续无须花费太多精力再对照片进行降噪。接下来，我们将结合具体的案例来进行演示，调整前后的对比效果如图6-9-1和图6-9-2所示。

图6-9-1

图6-9-2

首先，将照片导入Camera Raw滤镜中，如图6-9-3所示。

图6-9-3

找到“细节”面板，单击“去杂色”，如图6-9-4所示。

图6-9-4

在弹出的“增强”对话框中，可以预览降噪效果，可以看到原始照片的噪点非常严重，单击“增强”，如图6-9-5所示，经过降噪处理后，效果明显改善，如图6-9-6所示。

图6-9-5

图6-9-6

这种从源头上进行的降噪操作能够在保持照片清晰度的同时消除几乎所有的噪点，非常强大。有了这种AI降噪功能，我们几乎不再需要依靠第三方软件或其他方法进行降噪处理了，非常方便实用。但需要注意的是，这个功能仅对RAW格式文件有效，对JPEG等其他格式无效，如图6-9-7所示。

R:100 G:90 B:77
ISO 6400 16-35@16.0 毫米 f/2.8 25.00 秒
细节
锐化 40
半径 1.0
细节 25
蒙版 0
减少杂色
目前，去杂色与此照片格式不兼容。
手动降噪
明亮度 0
颜色 25
细节 50
平滑度 50
在此面板中调整控件时，为了使预览更精确，请将预览大小缩放到 100% 或更大。
适应（28.9%） 100%
Adobe RGB (1998) - 16 位 - 5040 x 3360 (16.9MP) - 300 ppi
打开
取消
完成
图6-9-7